Christine Erkens

HOMÖOPATHIE FÜR SCHAFE UND ZIEGEN

3., aktualisierte und erweiterte Auflage

INHALT

VORWORT

Die Schaf- und Ziegenhaltung stellt zwar nur einen kleinen Teilbereich der Landwirtschaft dar, doch unter den Haltern dieser Tiere finden sich zunehmend Interessierte an alternativen, naturheilkundlichen Behandlungsmöglichkeiten für ihre Vierbeiner. Viele Betriebe arbeiten nach den Richtlinien für die ökologische Landwirtschaft und setzen verstärkt homöopathische Mittel ein. Auch durch den Wegfall einiger Medikamente, das Thema der Rückstandsproblematik oder der Resistenzbildung bei den herkömmlichen Tiermedikamenten wächst die Bedeutung der Homöopathie und anderer naturheilkundlicher Therapien. Im Bereich der Hobbyschaf- und -ziegenhalter mit großem Interesse am Einzeltier und seinem Wohlergehen macht die Naturheilkunde die Umsetzung eigener Ideen und Lebensphilosophien in den Alltag und in den Umgang mit den Tieren und der Natur möglich. In der Landwirtschaft bietet der Einsatz homöopathischer Mittel viele Vorteile (siehe auch Seite 33). Die Homöopathie findet zunehmend Einzug in das Denken und Arbeiten des Tierarztes und Tierhalters. Das Hinzuziehen eines kundigen und ernsthaft arbeitenden Tierheilpraktikers oder Tierhomöopathen wird zunehmend geläufiger, und dieser Berufsstand kann so auch im Bereich der Landwirtschaft ein gern gesehener Helfer und Berater werden.

Christine Erkens, Monschau

EINLEITUNG

Im Bereich der Schaf- und Ziegenhaltung existiert nicht sehr viel Literatur zu naturheilkundlichen Behandlungen oder zum praktischen Einsatz der homöopathischen Mittel bei diesen Tieren. Während für Pferde, Hunde, Katzen und andere Haustiere eine Vielzahl von Fachbüchern dieser Richtung auf dem Markt sind, sucht man die speziellen Ratgeber für eine naturheilkundliche Behandlung unserer landwirtschaftlichen Nutztiere.

Mit diesem Buch soll dem an der Homöopathie interessierten Tierhalter, Tierarzt oder Tierheilpraktiker ein erster Überblick über die Grundlagen der Homöopathie und über die Behandlung der am häufigsten vorkommenden Krankheiten und der möglichen homöopathischen Mittel an die Hand gegeben werden. Eine tiefere Einarbeitung in dieses Gebiet ist mit Hilfe von speziellen Kursen und Vorlesungen und mit dem Selbststudium von weiterer Fachliteratur möglich und notwendig und empfehlenswert, siehe auch im Literaturverzeichnis am Ende des Buches.

Bei einer homöopathischen Behandlung der Tiere besteht die Problematik der „Übersetzung" der ursprünglich auf den Menschen bezogenen Therapie. Ebenso muss Literatur zu diesem Thema zum großen Teil aus dem Humanbereich herangezogen werden. Besonders im Bereich der Schmerzäußerungen, der Empfindungen, persönlicher Vorlieben oder Verhaltensweisen werden Schwierigkeiten auftreten, die hier die homöopathische Arbeitsweise erschweren. Im Bereich der landwirtschaftlichen Nutztiere, wo oft der enge Kontakt und die genaue Kenntnis über das Einzeltier fehlen, kann die homöopathische Behandlung deshalb nicht immer den klassischen Weg der Einzeltier-Erfassung und seiner Behandlung gehen.

Wichtig vor einer homöopathischen Behandlung ist die gründliche Auseinandersetzung mit den Grundlagen dieser Lehre, mit der ein Umdenken und eine Verbesserung in den angrenzenden Bereichen wie Haltung, Fütterung und Züchtung verbunden sein können und natürlich von Vorteil sind.

Die Homöopathie ist kein Allheilmittel oder eine Wundermedizin, weder für den Menschen noch für das Tier. Sie ist aber eine **sinnvolle Therapiemöglichkeit** akuter oder chronischer Krankheiten, eine **Ergänzung** konventioneller Behandlungsmethoden oder anderer Naturheilverfahren und oft die einzige Möglichkeit austherapierte Fälle zu kurieren.

In bestimmten Fällen ist das Hinzuziehen des Tierarztes unumgänglich und sollte nicht unnötig verzögert werden. Mit zunehmender Erfahrung und Kenntnis der Homöopathie kann später oft ein Krankheitsausbruch durch verbesserte Haltungsbedingungen und den Einsatz homöopathischer Medikamente im Anfangsstadium einer Erkrankung vermieden und etliche Krankheitsfälle können selbst gut behandelt werden.

Die Geschichte der Homöopathie ist lang, ihre Grundsätze jedoch unverändert, die Weiterentwicklung stetig, neue Arzneimittel werden geprüft, Erfahrungen sammeln sich und es entwickeln sich ebenso verschiedene Arbeitsweisen, die durch die persönlichen Erfahrungen und Vorlieben des jeweiligen Therapeuten geprägt sind.

Es würde den Rahmen dieses Buches sprengen, die gesamte Homöopathie in aller Ausführlichkeit und mit allen Einzelheiten darzustellen und zu erklären.

Ebenso werden in diesem Buch nur die **häufig vorkommenden Erkrankungen** behandelt, während die anzeigepflichtigen und nicht zu behandelnden Seuchen wie auch Raritäten unter den Krankheiten bewusst ausgeklammert werden. Es ist ein handliches Buch für den Stall, für den täglichen Gebrauch, zum Einstieg in das umfangreiche Wissen der Homöopathie und soll das Interesse an mehr Wissen und Erfahrungen machen.

Ich verzichte auch auf Ratschläge zur Veränderung von Haltung und Fütterung im jeweiligen Krankheitsfall, die in anderen Büchern nachgelesen werden können.

Die Medikamentengabe, egal welcher Art, sollte immer an letzter Stelle kommen, wenn dies für manche Leser auch ein gewöhnungsbedürftiger und immer wieder neu zu überdenkender Gesichtspunkt ist.

Es soll jedoch betont werden, dass an erster Stelle zur Behandlung einer Krankheit das Erkennen und Abstellen der Ursache stehen muss, denn ohne dieses wird man lange therapieren und kann zu keinem rechten Erfolg kommen!

Schwierigkeiten bereitet mir im Folgenden die Darstellung der sogenannten „klassischen Homöopathie" vor dem Hintergrund der Praxis und dem Alltag im Stall, wo wir umgeben von einer Vielzahl von Tieren und ihren Krankheiten sind und oft unter Zeitdruck stehen. Hier müssen häufig praxisnahe Behandlungen mit homöopathischen Mitteln gesucht werden, und es kann Kritik laut werden, wenn der klassische Weg verlassen werden muss. Doch was nützen hoch angesetzte Maßstäbe, die an der Wirklichkeit vorbeigehen?

ALLGEMEINER TEIL

GESCHICHTE UND ENTWICKLUNG DER HOMÖOPATHIE

Chinarinde, womit alles begann.

Dr. Samuel Hahnemann

Die Geschichte der Homöopathie beginnt in der Antike, doch ihr Neubegründer nach einer langen Zeit des Vergessens war **Dr. Samuel Hahnemann**. Er wurde 1755 in einfachen Verhältnissen in Meißen geboren. Hahnemann war ein sehr sprachbegabtes und intelligentes Kind, lernte neben seiner Muttersprache fünf weitere Sprachen und konnte aufgrund einer persönlichen Förderung durch seinen Lehrer eine gute Schule besuchen. Er studierte Medizin und eröffnete mit 24 Jahren seine eigene Arztpraxis. Doch er war zunehmend enttäuscht von der zu seiner Zeit praktizierten Medizin mit Aderlass, Brech- und Abführmitteln und teilweise recht grausam anmutenden „Heilmethoden". Seinen Arztberuf führte er unter starken Zweifeln aus, und er war immer auf der Suche nach einem Weg aus dieser Misere. Er schrieb eine Abhandlung über die Hygiene, als deren Wegbereiter er heute gilt. Eine schwere Epidemie, bei der auch seine Familie erkrankte, ließ ihn verzweifeln und er fühlte sich ohnmächtig, da er keine hilfreichen Medikamente hatte, um seinen Angehörigen zu helfen.

Bei der Übersetzung der Materia medica, einem Pharmakologiebuch von **William Cullen**, stieß er auf Widersprüchlichkeiten im Bezug auf die Angaben zur Wirkung der **Chinarinde**. Neugierig geworden machte er einen Selbstversuch, nahm einige Tage Chinarinde ein und stellte fest, dass dieses Mittel bei ihm im gesunden Zustand alle Symptome des **Wechsel- oder Malariafiebers** hervorrief. Es folgten bald weitere Versuche mit anderen Mitteln und Hahnemann weitete seine Forschungen aus.

Aus diesen ersten **Arzneimittelprüfungen** entwickelte Hahnemann das **Ähnlichkeitsprinzip**, das schon in der Antike bekannt war und nun neu definiert wurde: **„Ähnliches möge mit Ähnlichem geheilt werden“**, auf lateinisch: „Similia similibus curentur.“ Als im Jahr 1796 sein Artikel „Versuch über ein neues Heilprinzip zur Auffindung der Heilkräfte der Arzneisubstanz“ erschien, war die Homöopathie begründet.

Die Grundlagen der von ihm weiterentwickelten und erforschten Lehre der Homöopathie sind in seinem Hauptwerk, dem „**Organon der rationellen Heilkunst**“ niedergeschrieben, das 1810 veröffentlicht wurde. Organon ist ein griechisches Wort und bedeutet Werkzeug. Das Buch ist eine Arbeitsanleitung für die Ausübung der Homöopathie. Es wurde von Hahnemann Zeit seines Lebens bearbeitet.

Das Wort **Homöopathie** ist ebenfalls aus der griechischen Sprache: homoion steht für ähnlich und pathos für Krankheit. Der Organon kam in sechs Auflagen heraus und wurde in viele Sprachen übersetzt. Hahnemann verfasste auch eine sechsbändige Arzneimittellehre und ein Werk über die chronischen Krankheiten. Er machte sich durch seine Veröffentlichungen und Arbeiten jedoch nicht nur Freunde, sondern zog sich viele Feinde und Gegner seiner Ansichten zu.

Seine zweite Ehe nach dem Tod seiner ersten Frau, mit der er elf Kinder hatte, führte ihn nach Frankreich. Dort praktizierte er acht Jahre in Paris, wo er 1843 verstarb und auf dem Friedhof Père Lachaise beigesetzt wurde.

Hahnemann entwickelte die Methode der homöopathischen Behandlung vorrangig für den **Menschen**, es gibt aber auch ein unveröffentlichtes Werk aus dem Jahr 1829 zum Thema Heilung der **Haustiere**, das zu seinen Lebzeiten jedoch nicht von Interesse war. Also bilden die humanmedizinischen Schriften die Grundlage für die Behandlung der Tiere und müssen dementsprechend umgesetzt werden.

Die Homöopathie breitete sich im Laufe der Zeit weltweit aus, in Amerika besonders durch die Begeisterung von **Constantin Hering** (1800–1880), der eine zehnbändige Materia medica schrieb und ein Lehrinstitut für Homöopathie gründete. Auch **James Tyler Kent** (1849–1916) wurde ein Anhänger Hahnemanns und verfasste ein Repetitorium, das bis heute ein Standardwerk darstellt und immer wieder als Neuauflage erscheint.

Es gab und gibt **verschiedene Richtungen in der Homöopathie**, zwischen denen zeitweise Streit und Uneinigkeit entbrannte. Einige Homöopathen vertreten beispielsweise den Einsatz von **nur einem Mittel**, andere die von **mehreren verschiedenen Mitteln** zusammen. Dann gibt es die sogenannte **klinische Homöopathie**, die ihre Arzneimittel nach den Hauptsymptomen der Krankheit und auf bestimmte Organe gerichtet auswählt und diese bestimmten Arzneimittel über eine längere Zeit in Tiefpotenzen verabreicht. In der **klassischen Homöopathie**, dem Spätwerk Hahnemanns, wird mit einem Einzelmittel in Hochpotenz behandelt, das aufgrund der besonderen, eigenheitlichen und charakteristischen Symptome des erkrankten Organismus gewählt wird. Dieses Einzelmittel bessert erst das Allgemeinbefinden, dann erst die Organsymptome. Doch die Wiederherstellung der Gesundheit ist dauerhafter als bei der klinischen Homöopathie, da die Krankheit von Grund auf geheilt wurde.

Hier befinden wir uns in der **Nutztierhaltung** in einer Zwickmühle und müssen je nach Situation und Fähigkeit abwägen, welche Art der homöopathischen Behandlung sinnvoll ist.

In der **Literatur** finden wir eine verwirrende Vielfalt mit großen Unterschieden an Vorgehensweisen bei der Auswahl der Arzneimittel und Potenzen sowie der Dosierung. Ein und dasselbe Krankheitsbild beziehungsweise ein erkranktes Tier kann je nach der Richtung der Homöopathie vollkommen unterschiedlich behandelt werden.

Erfolg oder Misserfolg bei der Heilung entscheiden dann bei den Behandlungen der Tiere, ob man richtig liegt mit seiner Vorgehensweise oder diese neu überlegen sollte.

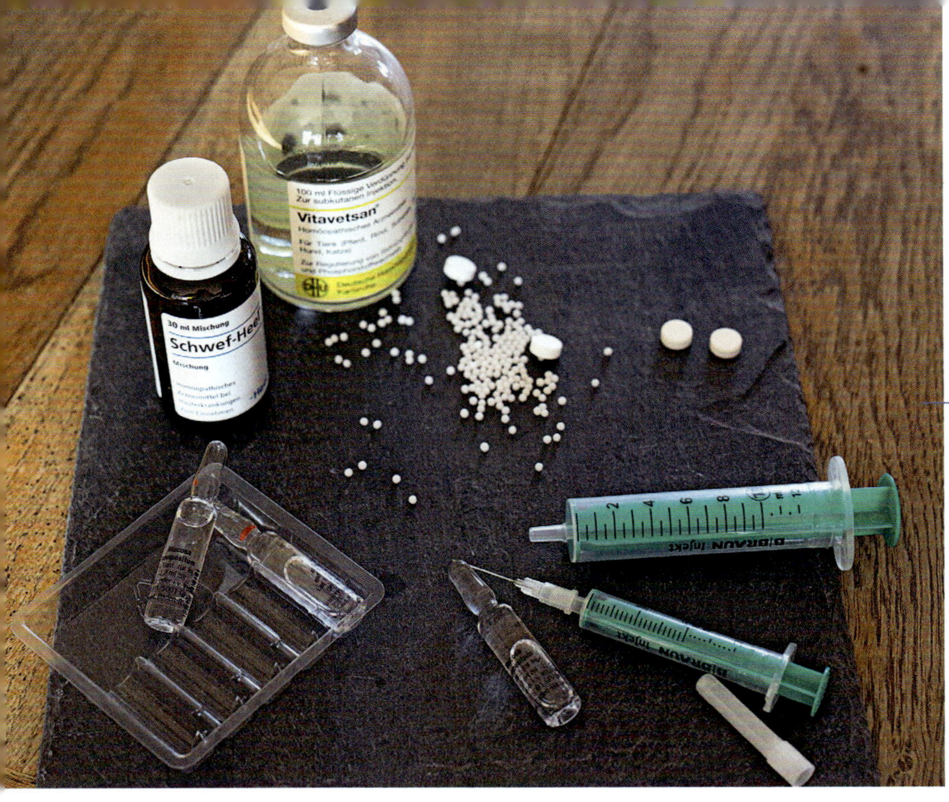

Neben Streukügelchen und Tabletten kann man die Mittel auch als Tropfen geben oder sie spritzen.

GRUNDLAGEN DER HOMÖOPATHIE

Die Homöopathie basiert auf drei Säulen: **Ähnlichkeitsgesetz**, **Arzneimittelprüfung** und **Arzneimittelpotenzierung.**

Der Homöopath behandelt mit einem Mittel, dem sogenannten **Simile**, dem Ähnlichen, einer Arznei, die in einer starken Dosierung beim Gesunden die gleichen Symptome hervorbringen würde wie der kranke Organismus, der in Behandlung ist, momentan zeigt. Das potenzierte Mittel enthält einen minimierten Reiz, der spezifisch stimulierend auf die Abwehrsysteme des Organismus wirkt und damit die Heilung auslöst.

Die **Krankheit** stellt eine innere Veränderung oder Verstimmung der Lebenskraft dar, die wiederhergestellt werden muss, um den Zustand der Gesundheit zu erreichen.

Die **Auswahl** dieses genau passenden homöopathischen Medikamentes geschieht aufgrund einer höchstmöglichen Ähnlichkeit und Übereinstimmung zwischen dem **Krankheitsbild**, der Individualisierung des Patienten und dem **Arzneibild**, das heißt der Individualisierung der Arznei.

Die Gesamtheit der Symptome führt zum homöopathischen Mittel, nachdem die Symptome genau beobachtet, aufgelistet und bewertet werden und anschließend mit Hilfe eines homöopathischen **Repetitoriums** und der **Arzneimittellehre** zum Arzneimittel gefunden wird.

Es kann gelegentlich zu einer **Erstreaktion** kommen, auch Erstverschlimmerung genannt. Die bestehenden Symptome verstärken sich kurzfristig, diese Reaktion klingt aber von alleine wieder ab und ist ein Zeichen dafür, dass das Mittel richtig gewählt und eine Genesung in Sicht ist.

Oft ist das Allgemeinbefinden des Tieres schon verbessert, es wirkt zufriedener und entspannter, obwohl die Krankheitssymptome noch bestehen.

Herstellung homöopathischer Arzneimittel und Potenzierung

Die homöopathischen Arzneimittel werden aus verschiedenen Ausgangsstoffen hergestellt. Dazu gehören: **pflanzliche Stoffe** wie zum Beispiel aus Arnika, Brechnuss, Fliegenpilz, Küchenschelle, Tollkirsche; **tierische Stoffe** wie zum Beispiel aus Honigbiene, Tintenfisch, Tarantelspinne, Hundemilch, verschiedenen Schlangengiften; **mineralische oder metallische Stoffe** wie Gold und Silber, Quecksilber, Natriumchlorid oder Schwefel; und sterilisierte menschliche oder tierische Krankheitsprodukte, wie Sekrete oder Gewebeteile, aus Tuberkelbazillenkulturen, Krebsmaterial, fauligem Rindfleisch. Sie werden als **Nosoden** bezeichnet.

Die Mittel werden mit ihrem **lateinischen Namen** genannt, üblicherweise in ihrer Kurzform, also bei Aconitum napellus kurz Aconitum.

Aus diesen Ausgangsstoffen wird nach genau festgelegten **Herstellungsregeln** ein **homöopathisches Arzneimittel**, indem es mit einer Trägersubstanz, entweder Milchzucker (Laktose), Wasser oder Alkohol, verarbeitet wird. Die homöopathische Verarbeitung besteht aus einer stufenweise fortschreitenden „**Verdünnung**" bei gleichzeitiger Verschüttelung oder Verreibung mit der jeweiligen Trägersubstanz. Dies kann entweder im Verhältnis 1:10, in einer Dezimal- oder **D-Potenz** geschehen, in einer 1:100 oder Centesimal- oder **C-Potenz** oder auch in einer 1:50000 Verdünnung, der **LM- oder Q-Potenz**. Bei einer D-Potenz wird also ein Tropfen der Ursubstanz mit neun Teilen der Trägersub-stanz, in diesem Fall beispielsweise Alkohol, in ein Fläschchen gefüllt, dieses zehnmal kräftig auf eine feste, federnde Unterlage gestoßen und nun hat man eine D1 als Inhalt. Im nächsten Schritt nimmt man einen Tropfen dieser D1 und füllt wieder mit neun Tropfen Alkohol auf, schlägt zehnmal und hat nun eine D2. Dies wiederholt man von Potenzierungsstufe zu Potenzierungsstufe bis zur gewünschten Höhe. Diese Kombination von Verdünnung und Verschüttelung oder Verreibung nannte Hahnemann „**Potenzierung**", da das lateinische Wort „potentia" Kraftentfaltung bedeutet.

Eine **Urtinktur**, die durch das Zeichen Ø gekennzeichnet ist, ist die am wenigsten verdünnte flüssige Form eines Mittels. Sie bildet die Grundlage für alle folgenden Potenzen dieses Mittels.

Mit zunehmender stofflicher Verdünnung nimmt der **Energiegehalt** des Mittels aufgrund der Potenzierung zu. Die Information des Ausgangsstoffes wird beim Potenzieren übertragen und verstärkt, ein Widerspruch zu den gewohnten Denkweisen. Der Wirkstoffgehalt sinkt bis zur sogenannten Lohschmidtschen- oder Avogadro-Zahl bei D23 und ab

Ein Repetitorium ist eine Sammlung der Symptome und Heilmittel.

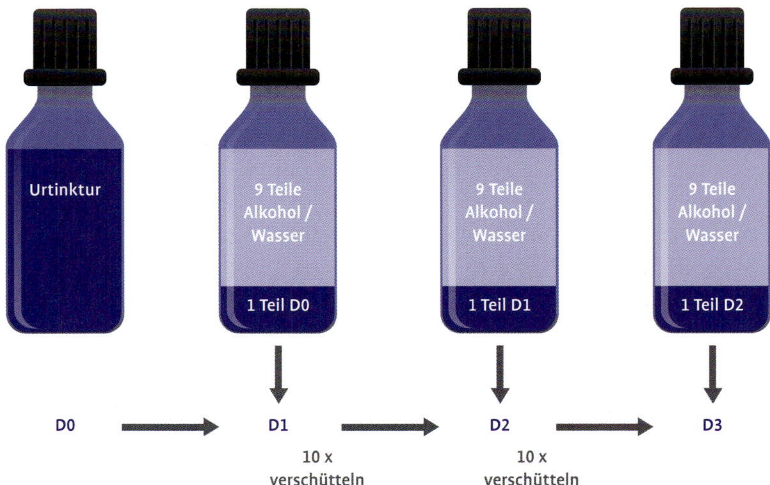

dann ist eigentlich kein Molekül der Ursubstanz mehr im homöopathischen Mittel. Hier ist der Übergang von der materiellen zur immateriellen Potenz. Die geistartige und dynamische Qualität im Mittel steigt mit zunehmender Potenzhöhe.

Die C-Potenzen entwickelte Hahnemann, die D-Potenzen die homöopathischen Ärzte Hering und Vehsemeyer. Es ist von untergeordneter Bedeutung, ob man nun eine D- oder ein C-Potenz einsetzt, da die Anzahl der Potenzierungsschritte entscheidender ist. Die D-Potenzen werden in der Regel bis zur D30 eingesetzt, oberhalb dieses Bereiches liegen wenige oder schlechte Erfahrungen vor.

Man unterscheidet zwischen **Tief-**, **Mittel-** und **Hochpotenzen**. Die Übergänge zwischen diesen Potenzstufen sind fließend und die Angaben unterschiedlich.

Tiefpotenzen reichen meist von der Urtinktur bis zu einer D oder C12, die mittleren Potenzen von der D oder C12 bis zu einer D oder C30, und die Hochpotenz liegt dann über dieser D oder C30 bei einer D oder C200/1000/10000.

Arzneimittelprüfung

Um ein **Arzneimittelbild**, das heißt die Wirkung des Arzneimittels in seiner Gesamtheit, zu erhalten, führt man die sogenannten Arzneimittelprüfungen durch. Hahnemanns berühmter Selbstversuch mit der Chinarinde, die zu seiner Zeit als Arznei verwendet wurde, war die erste Arzneimittelprüfung. Heute werden noch viele Prüfungen durchgeführt, die den Regeln Hahnemanns folgen. Im Organon sind detaillierte **Anweisungen**, nach denen die Prüfer von dem zu prüfenden Mittel solange eine tägliche Gabe einer C30 zu sich nehmen, bis Symptome bemerkt werden.

Diese Symptome werden genauestens aufgezeichnet und ergeben nach einer Prüfung mit möglichst vielen Teilnehmern ein komplettes Arzneimittelbild. Die **Gesamtheit** der Arzneimittel-Bilder findet sich dann in der Arzneimittellehre wieder.

Es sind also die am **Menschen** festgestellten Symptome, die wir bei der Behandlung der **Tiere** zugrunde legen, die wir umformen und auf die Tiere übertragen müssen. Aber es wäre schwieriger, alle diese Arzneimittelprüfungen an Tieren neu durchzuführen, als die Arzneimittelbilder vom Menschen auf das Tier zu übertragen.

Auswahl des homöopathischen Arzneimittels

Allgemein gilt in der **klassischen Methode** der Homöopathie die **Simile-Regel**, das heißt wir nehmen das homöopathische Mittel zur Behandlung, das als Arzneimittelbild möglichst genau dem zu behandelnden Tier in seiner Gesamtheit entspricht.

Durch intensives Befragen des Tierbesitzers und eigenes Beobachten des betreffenden Tieres finden wir das **Konstitutionsmittel** für den Tierpatienten. Die Konstitution ist die Summe der Eigenschaften auf körperlicher und geistiger Ebene, angeborener wie auch erworbener Eigenheiten. Bestimmte Konstitutionen stimmen sehr genau mit den Bildern bestimmter Arzneimittel überein. Diese werden dann Konstitutionsmittel genannt. Man spricht beispielsweise von einem Phosphortyp, wenn dessen Konstitution dem Arzneimittel Phosphor möglichst genau entspricht.

Suchen wir das Arzneimittel, das der Erkrankung des Tieres möglichst genau entspricht, nehmen wir die **hervorstechendsten und ungewöhnlichsten Symptome** und besonders die, die zuletzt eingetreten sind. Die allgemeinen Symptome, wie Schwäche, Appetitlosigkeit, bei der betreffenden Krankheit allgemein (mit) auftretende Symptome, sind zur Mittelfindung wenig hilfreich.

Wir würden uns wundern und hätten auffallende Symptome, wenn wir ein krankes Tier vorfinden, das hohes Fieber hat, jedoch einen guten Appetit und dabei festliegt oder gelähmt ist. Würde das Tier mit Fieber geringen Appetit

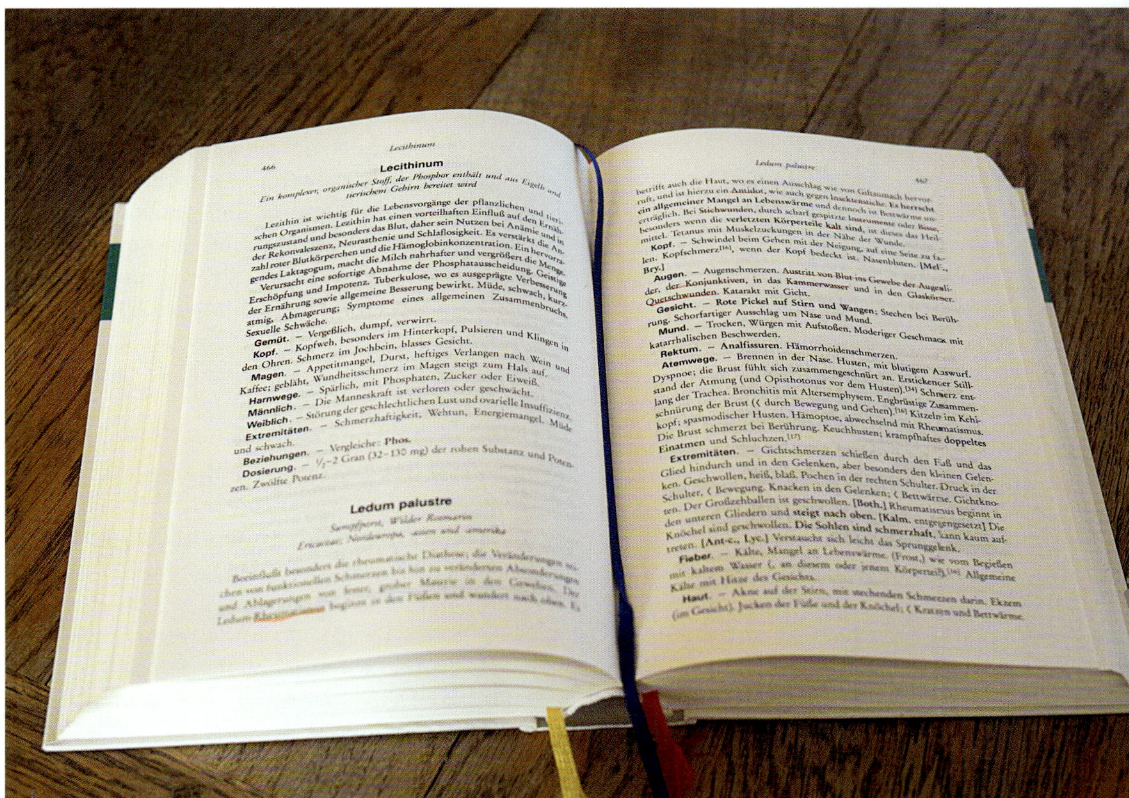

Eine Arzneimittellehre oder Materia medica beschreibt die homöopathischen Mittel.

aufweisen oder bei einer Gebärmutterentzündung viel Durst, so hätten wir nur gewöhnliche, nicht auffallende Symptome, die uns bei der Auswahl des richtigen Mittels nicht weiterhelfen.

Ein und dieselbe Krankheit kann bei verschiedenen Tieren durchaus anders aussehen und nach unterschiedlichen, individuellen Mitteln verlangen.

Die sogenannten **Modalitäten**, die Bedingungen, die eine Verbesserung oder Verschlechterung des Zustandes des Tieres bewirken, sind zu beobachten und hilfreich zur Wahl des Mittels. So fühlen sich manche Tiere besser, wenn sie sich bewegen, andere im Liegen, einige liegen lieber auf der erkrankten Seite, andere auf der gesunden.

Im **Akutfall** muss man das Wichtige und die Gesamtheit der Krankheit erfassen, weniger wichtig ist die Erfassung der jeweiligen Konstitution. Eine Beschränkung auf **fünf bis sechs Symptome** kann zum richtigen Mittel führen, wobei diese nach der folgenden Reihenfolge geordnet werden:

- Auffallende und ungewöhnliche Symptome
- Auffallende Geistes- und Gemütssymptome
- Allgemeinsymptome
- Ursache der Erkrankung
- Lokale Symptome

Chronische Erkrankungen bedürfen neben den Mitteln zur Behandlung der Erkrankung mit Bezug auf Organe, Organsysteme oder deren Funktionen meist noch des genau passenden Konstitutionsmittels, um eine vollständige und endgültige Heilung zu erreichen.

Im Bereich der **klinischen Homöopathie** haben wir also die Mittel, die einen starken Bezug und eine Wirkung auf bestimmte Organgruppen oder Organe haben, die sogenannten **organotropen Mittel**.

Will man beispielsweise nach einer chemischen Wurmkur oder einer anderen notwendigen Medikamentengabe den Organismus des Tieres entgiften, setzt man homöopathische Medikamente ein, die den Bezug und eine starke Wirkung auf die Leber haben. Man nennt diese Mittel dann auch im homöopathischen Sprachgebrauch „Lebermittel“.

Haben sich Mittel in der Vergangenheit bei bestimmten Erkrankungen als besonders hilfreich und wirksam herausgestellt, so gelten sie als die sogenannten **bewährten Indikationen**.

Läuft im Rahmen einer länger dauernden Behandlung die Reaktion des Tieres nur noch verschleppt, verzögert oder abgeschwächt ab, kann man **Zwischen- oder Reaktionsmittel** geben, die den Stoffwechsel wieder anregen und eine Heilreaktion fortführen.

Ebenso verfährt man zum Abschluss einer homöopathischen Behandlung, wo zur endgültigen Ausheilung und Stabilisierung des gesundheitlichen Zustandes zusätzlich ein **Abschlussmittel** eingenommen wird.

Nosoden werden bei der entsprechenden Infektion in der Vorgeschichte des Tieres oder seiner Vorfahren gegeben, wenn eine Ähnlichkeit zwischen dem Krankheitsbild und dem Arzneimittelbild besteht. Sie dienen auch als Zwischenmittel, wenn keine Reaktion des Tieres auf die Behandlung erfolgt, oder eine entsprechende miasmatische Belastung vermutet wird. Oft liegen zu wenige Leitsymptome vor, um eine sichere Arzneimittelwahl zu treffen, und die Nosodengabe lässt weitere Symptome deutlich werden, so dass das Arzneimittelbild erkenntlich wird.

Auswahl der Potenzhöhe

Die Auswahl der **Potenzhöhe** des Mittels wird aufgrund der Art der Krankheit, des Zustandes des Tieres und bewährter Potenzhöhen getroffen. Ist die Krankheit **akut**, wie Durchfall oder Husten, und will man mit dem Mittel ein Organ beeinflussen, kann man auf die **niedrige Potenz** zurückgreifen.

Handelt es sich um eine **chronische** Erkrankung, so wählt man die **Hochpotenz**, welche die Gesamtheit des Organismus anspricht.

Es gibt verschiedene Mittel in unterschiedlichen Potenzen.

Mittlere Potenzen wirken eher **funktiotrop**, das heißt, sie regeln die Funktion des betreffenden Organs.

Tiefe Potenzen wirken kurz und werden deshalb häufiger wiederholt und zielen eher auf organische Erkrankungen. Ihr Einsatz stellt eine einfachere und risikoärmere Therapie dar als die mit Hochpotenzen, da ihre Energie nicht so hoch und nicht so tiefgreifend ist. Sie wirken auch bei nicht so genauer Übereinstimmung zwischen Krankheits- und Arzneimittelbild und werden oft nach den sogenannten **bewährten Indikationen** ausgewählt.

Ihr Nachteil ist ihre überdeckende, palliative Wirkung, sie heilen tiefer zugrunde liegende chronische Erkrankungen nicht und ermöglichen unter Umständen das Auftreten gefährlicher Erstverschlimmerungen, wenn sie bei schweren Akuterkrankungen eingesetzt werden.

Hochpotenzen gibt man in der Regel einmal, eine Wiederholung findet in größeren Abständen zur ersten Gabe statt. In manchen Situationen werden auch gute Heilerfolge mit der Wiederholung einer solchen Hochpotenz gemacht. Sie wirkt tief, auf das ganze Tier, und erfasst auch die psychischen Aspekte. Während des hier länger dauernden Heilungsprozesses treten alte Symptome erneut auf, was ruhig abgewartet werden muss und ein gutes Zeichen der Genesung ist.

Vorsicht ist geboten bei geschwächten Tieren, deren **Lebenskraft** gemindert und Organe geschädigt sind. Hier ist eine niedrige Potenz zu wählen, da eine Hochpotenz diese geringe Lebenskraft überfordern würde und möglicherweise tödlich wirken könnte. Tiere mit wenig Lebenskraft zeigen oft keine sichtbaren Krankheitszeichen mehr und sind meist älter. Doch auch jüngere Tiere können aufgrund erblicher Belastungen unerkannt krank sein und nur noch eine geringe Lebenskraft aufweisen, die nicht mehr auf das homöopathische Mittel reagieren kann. Ein Tier mit blockierten **Regulationssystememen** und erschöpften Energiereserven kann ebenfalls nicht mehr auf das gegebene Mittel, sei es noch so treffend und gut gewählt, reagieren. Diese Regulationssysteme stellen die Fähigkeit des Organismus dar, auf von außen kommende Reize und Einflüsse sinnvoll zu reagieren.

Ein gesundes Tier reguliert also gut, ein krankes schlecht, entweder zu viel oder zu wenig. Nicht die Krankheit verschlechtert dieses Regulationsvermögen, sondern die Krankheit entsteht erst durch das gestörte Regulationsvermögen. Die chronische Erkrankung entsteht aus dem Fortbestehen dieser Störung. Das richtig gewählte Homöopathikum vermag diese Störung zu beheben, indem eine Information auf der richtigen Stelle und in der richtigen Ebene erteilt wird.

Bestimmte Potenzhöhen nennt man **bewährte Potenzen**, das heißt, sie stellten sich in der Vergangenheit als besonders wirksam heraus. Im Tiefpotenzbereich sind die 6., die 12. und die 30. Potenz bewährt, im Bereich der Hochpotenzen die 200., 1000.(M), 10000.(XM) und 100000.(CM) Potenz.

Eine Sonderstellung nehmen die **LM- oder auch Q-Potenzen** ein, da sie häufiger gegeben werden dürfen und sanft wirken. Hilfreich sind sie deshalb besonders in akuten gefährlichen Zuständen oder bei schweren Gewebsveränderungen.

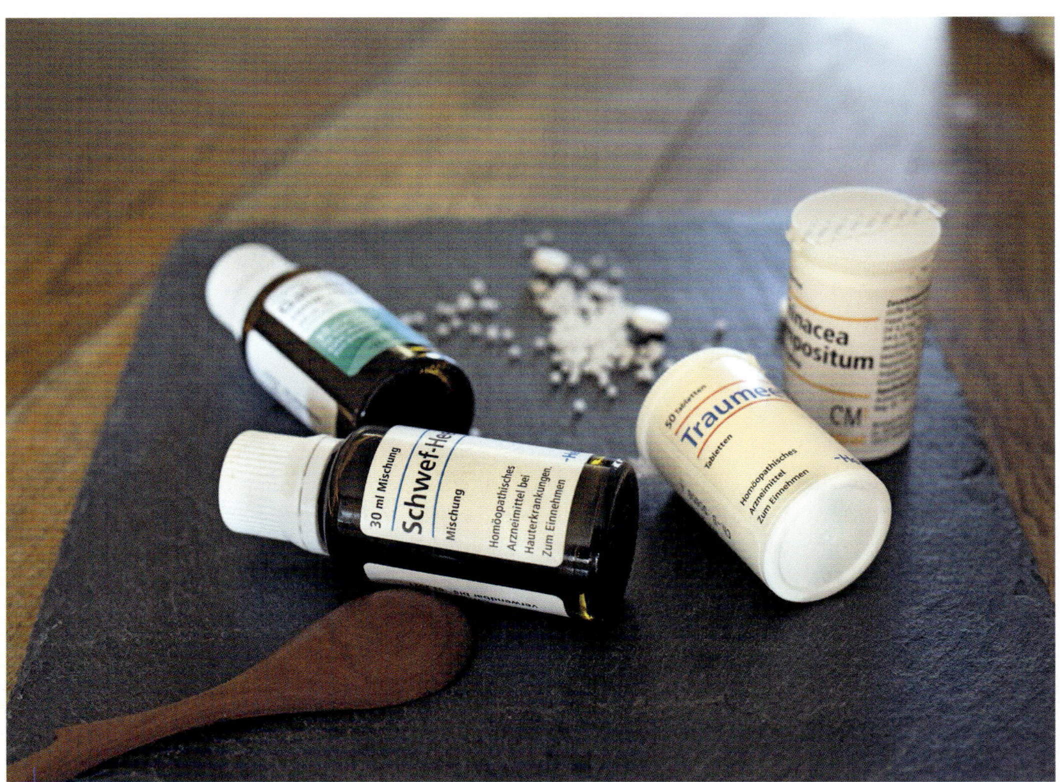

Homöopathische Mittel gibt es als Globuli, Tabletten oder Tropfen zum Verabreichen.

Grundsätzlich sollte ein Mittel nicht wiederholt gegeben werden, solange noch Zeichen seiner Wirkung vorhanden sind, und dies unabhängig von der Höhe der ausgewählten Potenz.

Manche homöopathischen Mittel haben eine **Biphasigkeit**, das heißt, es zeigen sich unterschiedliche Wirkungen in Abhängigkeit von der Potenzhöhe. Dies ist bei **Hepar sulfuris**, **Urtica urens** oder **Phytolacca** der Fall. Das bei Eiterungen verwendete **Hepar sulfuris** baut den Eiter in Tiefpotenz gegeben nach außen und in Hochpotenz nach innen auf dem Blutweg ab. **Urtica urens** in Tiefpotenz fördert die Milchsekretion und in Hochpotenz wird sie gehemmt. Es gibt einige homöopathische Mittel, die als **Antidote** bezeichnet werden, da sie die Wirkung anderer Mittel verändern oder gar aufheben. Solche Mittel sind unter anderem **Nux vomica**, die Brechnuss, mit **Coffea**; **Belladonna**, die Tollkirsche, mit **Opium**.

Oft ist auch die **Reihenfolge**, in der die Mittel eingesetzt werden, von Bedeutung.

Ebenso sind sich gegeneinander **feindliche Mittel** zu beachten. **Apis**, das Bienengift, verträgt sich nicht mit **Rhus toxicodendron**, dem Giftsumach; **Phosphor** und **Causticum** sollen nicht zusammen gegeben werden oder **Silicea**, die Kieselsäure, mit **Mercurius**.

Entsprechend dazu gibt es sich **gut ergänzende Mittel**, wie die Kombination von **Belladonna** und folgendem **Calcium carbonicum**; **Nux vomica** mit **Sulfur** zur Ausheilung oder **Apis** mit **Natrium muriaticum**.

Mittel mit einem **verzögerten Einsetzen ihrer Wirkung** erfordern etwas mehr Geduld und das Wissen um ihre Besonderheit bei ihrer Verwendung, so bei **Lycopodium**, **Natrium muriaticum** oder **Silicea**.

Einzelmittel und Kombinationsmittel

Bei den homöopathischen Heilmitteln unterscheidet man zwischen **Einzelmitteln**, die nur ein einziges Mittel, die Ausgangssubstanz, enthalten, und den zusammengesetzten Mitteln, den sogenannten **Kombinations- oder Komplexmitteln**, die aus mehreren Einzelmitteln bestehen.

Hier nutzt man, insbesondere als Anfänger in der homöopathischen Heilkunst oder bei Problemen in der individuellen Erfassung der Symptome, die Vorteile des Zusammenwirkens mehrerer Mittel, die aufgrund der bewährten Indikationen in sinnvoller Ergänzung zusammengestellt wurden und von verschiedenen Arzneimittelherstellern angeboten werden. Kritiker dieser „Rundumschlag-Methode" führen an, dass nur die Wirkung des einzelnen Mittels in der Arzneimittelprüfung beschrieben wird, nicht ihre möglicherweise veränderte Wirkung bei Kombination mit einem oder mehreren Mitteln. Doch die Erfahrung zeigt, dass diese Kombinationsmittel eine gute Heilwirkung zeigen und trotz der Abweichung von der klassischen Methode besonders in der Nutztierhaltung, die mit anderen Problemen als im Human- oder Hobbytierbereich zu kämpfen hat, ihre Berechtigung zum Einsatz in der täglichen Praxis haben.

Bei einem Patienten mit einer klaren Entsprechung des Krankheitsbildes mit einem Einzelmittel sollte man dem Einzelpräparat den Vorzug geben.

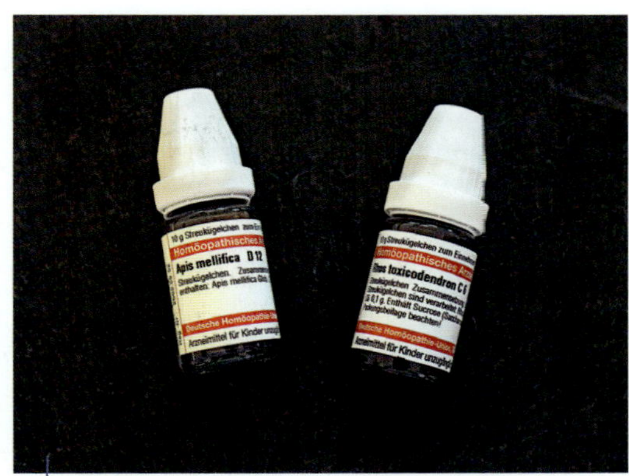

Apis und Rhus toxicodendron „mögen" sich nicht.

Arnika gehört zu den pflanzlichen Stoffen, die zu den Ausgangsstoffen für homöopathische Arzneimittel gehören.

Verabreichung und Dosierung

Die Verabreichung des nun sorgfältig ausgewählten homöopathischen Mittels an das Einzeltier oder eine Tiergruppe erfolgt in Abhängigkeit von den Gegebenheiten im Stall, ob die erkrankten Tiere einzeln oder in einer Gruppe gehalten werden, die Erkrankung akut ist oder vorbeugend behandelt werden soll, aber auch von arbeitstechnischen Möglichkeiten.

Dilutionen sind die flüssigen Zubereitungen des Mittels, wobei 30 %iger Äthylalkohol als Träger verwendet wird. Man kann diese Tropfen dem Einzeltier mit etwas Wasser verdünnt und über eine Kunststoffspritze verabreichen, auf etwas Kraftfutter oder Brot geben und füttern oder bei der Behandlung einer Tiergruppe diese Tropfen über eine kleine Kraftfuttermenge in den Trog oder Wasserbehälter geben.

Globuli sind verschieden große Milchzuckerkügelchen, die mit der Dilution des homöopathischen Mittels befeuchtet wurden. Diese werden dem einzelnen Tier am besten ins Maul gegeben. Ist es nicht handzahm, kann man sie ebenfalls mit etwas Futter oder aufgelöst in Wasser wie die Dilution verabreichen.

Triturationen sind die pulverförmigen Verreibungen aus Milchzucker, die als Pulver mit Futter oder Trinkwasser gegeben werden.

Tabletten sind die gepressten Verreibungen aus Milchzucker, die man wie Globuli oder Triturationen gibt.

Zu Injektionszwecken sind **Ampullen** auf dem Markt, die das Medikament auf alkoholischer oder Kochsalz-Basis enthalten. Sie können unter die Haut oder in den Muskel gespritzt werden, wobei auf eine saubere und korrekte Injektionstechnik geachtet werden muss, oder auch oral, das heißt über das Maul, gegeben werden können. Mittel auf Kochsalz-Basis haben den Vorteil einer geringeren Gewebereizung bei der Injektion, und bei oraler Verwendung werden sie wesentlich besser angenommen als die alkoholische Form.

Homöopathische Mittel dienen auch der **äußeren Anwendung**. So gibt es verschiedene Tinkturen für Angüsse oder Wickel, oder Salben und Wundpulver mit homöopathischen Bestandteilen.

Die **Mittelgabe** würde am besten bei einem verhältnismäßig nüchternen Tier erfolgen, was im Bereich der Schaf- und Ziegenhaltung nicht sehr praktikabel ist. Bedenken wir also, die Mittel nicht gerade bei der Fütterung großer Mengen oder einem ausgedürsteten Tier geben, das direkt im Anschluss viel Wasser säuft. Von Bedeutung ist bei der Verabreichung des Homöopathikums über das Maul ebenfalls, dass das Mittel genügend Zeit hat, über die Maulschleimhaut aufgenommen zu werden. Diese Zeit beläuft sich auf wenige Minuten. Hier liegt der klare Vorteil einer Injektion, die sicher im Tier landet und dort wie ein Depot abgebaut wird. Die orale Gabe wirkt sofort, kann also möglicherweise mit einer Injektion desselben Mittels kombiniert werden, so dass die Folgegabe erst später erfolgen kann als bei nur oraler Verabreichung.

Hier entscheidet aber klar die Praxis, was im jeweiligen Fall getan wird, welches Mittel in welcher Form verfügbar ist, ob das Tier scheu oder handzahm ist und die Medikamente problemlos aus der Hand nimmt und Ähnliches.

Die **Häufigkeit der Mittelgabe** ist abhängig von der Art der Erkrankung und der Reaktion des Tieres auf die erste Gabe, dem gewählten Mittel und seiner Potenzhöhe.

Bei einer akuten Erkrankung gibt man das Mittel zwei- bis dreimal täglich oder auch öfter. Eine schwere Akuterkrankung, möglicherweise mit Fieber, verbraucht die Mittel schneller und eine Wiederholung ist viel eher notwendig.

Dies ist auch der Fall, wenn das gewählte Mittel nicht das genaue Simile, nicht die genaue Übereinstimmung ist, und erst die Summe der Arzneimittelreize die Heilung in Gang bringt. Anfangs kann man das Mittel ruhig in kürzeren Abständen geben, falls es nötig erscheint, wie beispielsweise bei Durchfall oder Blutungen. Bei hochakuten Fällen wie Kolik oder Schock, gibt man das Mittel alle fünf Minuten, bis man eine Besserung bemerkt.

Potenzen von einer D1 bis zur D6 kann man dreimal täglich geben, Potenzen von D12 zweimal täglich und die D30-Potenzen gibt man einmal täglich.

Nach der ersten Gabe des homöopathischen Mittels beginnt also die **Beobachtung des Tierpatienten**. War die Wahl richtig, so kann man eine homöopathische Verschlimmerung der Symptome bei gebessertem Allgemeinbefinden sehen, auf die rasch die Heilung folgt. Man kann auch eine Heilung ohne ersichtliche Erstverschlimmerung erzielen, was meist bei Akutfällen auftritt.

Werden die Symptome und Beschwerden nach der Gabe des Mittels stärker, so ist dies

ein Zeichen dafür, dass das gewählte Mittel richtig ist, dass es jedoch in einer zu hohen Dosierung oder in der falschen Potenz gegeben wird. Man unterbricht am besten die weitere Gabe des Mittels, bis eine Besserung des Zustandes eintritt. Anschließend kann man wieder mit einer niedrigeren Dosis beginnen.

Subakute Erkrankungen, also weniger heftig verlaufende, werden ein- bis zweimal täglich behandelt und die chronischen dementsprechend nur einmal täglich, wobei die Hochpotenzen nur einmal die Woche oder einmal im Monat verabreicht werden.

Mit **Eintritt einer Besserung** ist die Mittelgabe einzustellen oder mindestens zu verringern, sonst stört man die Heilung und erzielt eher die Wirkung einer Arzneimittelprüfung, was nicht der Sinn ist.

Erfolgt nach der ersten Gabe **keine Reaktion** des Tieres und ist man sich in seiner Mittelwahl sehr sicher, wiederholt man die Gabe. Stellt man nach einem halben oder ganzen Tag keine Veränderung im Zustand des Tieres fest, soll man die Mittelwahl noch einmal überdenken oder eine konventionelle Behandlung in Betracht ziehen. Dies ist jedes Mal von der Art der Erkrankung und der Schwere abhängig zu machen.

Bei der Frage der **Dosierung** der homöopathischen Mittel kann man nur Anhaltspunkte geben, die Angaben in der Literatur sind sehr unterschiedlich und persönlich geprägt. Die verabreichte Menge des Mittels entscheidet aber nicht über den Erfolg oder Misserfolg der Arzneimittelgabe, sondern das jeweilig ausgewählte Mittel und die Potenzhöhe sind ausschlaggebend.
Als Orientierung kann Folgendes gelten:

Bei einem **erwachsenen Schaf** bzw. einer **Ziege** gibt man zwei bis drei Tropfen oder zwei bis drei Globuli, eine Tablette oder bei Injektion zwei Milliliter Injektionsflüssigkeit.

Bei einem **Jungtier** stuft man nach Gewicht oder Größe entsprechend ab und gibt ein bis zwei Tropfen oder ein bis zwei Globuli, eine Tablette oder einen Milliliter Injektionsflüssigkeit.

Äußere Anwendung

Neben der Eingabe oder Injektion homöopathischer Medikamente gibt es die Möglichkeit einer äußeren Anwendung durch Salben oder Umschläge, die eine homöopathische oder schulmedizinische Therapie begleiten und unterstützen.

Als **Salbe** gibt es **Arnica**-Salbe (DHU), die bei stumpfen Verletzungen, Verstauchungen, Blutergüssen und Eiterungen eingesetzt wird. **Calendumed**-Salbe (DHU) hilft ebenfalls bei Hauteiterung und schlechter Heiltendenz wie auch **Echinacea**-Salbe (DHU).

Extern-Tinkturen werden mit einem Esslöffel Tinktur auf 250 ml Wasser verdünnt und dann als Umschlag oder Spülung verwendet. Praktisch ist der Einsatz von **Arnica**, **Bellis perennis** oder **Calendula** als Tinktur bei allen Verletzungsarten. **Hypericum** extern hilft bei Verletzungen mit Nervenschädigung und bei Quetschungen, Brandwunden, Stichwunden und Tierbissen. **Ruta** extern oder **Symphytum** extern werden bei Prellungen, Verstauchungen, Knochenverletzungen und schlechter Wundheilung genommen.

Extra-Tipp

Eine „homöopathische Salbe“ oder eine „Schüßler-Salbe“ können Sie mit Hilfe einer neutralen Salbe oder Creme und Einarbeiten des jeweiligen Mittels selber zubereiten.

Akute und chronische Krankheiten und die Miasmen

Akute Erkrankungen entstehen aufgrund schädlicher, von außen kommender Einflüsse, wie Kälte, Mangel an Mineralstoffen oder Vitaminen oder durch Giftstoffe. Oft sind sie aber

auch ein Ausdruck einer tiefer liegenden chronischen Erkrankung oder das Tier ist besonders anfällig für eine Erkrankung und seine Anpassungsfähigkeit auf einwirkende und krankmachende Faktoren ist vermindert. Das Hinzukommen eines auslösenden Faktors bringt die Erkrankung zum Ausbruch wie der Tropfen Wasser das Fass zum Überlaufen.
Ansteckende Erkrankungen verursachen ebenso Akuterkrankungen, die meist mit ein und demselben Mittel bei allen erkrankten Tieren behandelt werden. Akute Krankheiten sind mit dem Verschwinden der Symptome geheilt, die **chronischen Erkrankungen** jedoch nicht. Sie bestehen auch ohne äußere Symptome, breiten sich mit den Jahren im Tier aus, treten bisweilen wieder offen zu Tage.

Eine chronische Erkrankung ist eine innere Krankheit, eine dynamische Verstimmung der Lebenskraft, wie es in der Homöopathie heißt. Will man diese chronische Erkrankung erfolgreich behandeln, muss man die **Gesamtheit des Tieres** betrachten, seine Grundbefindlichkeit und Disposition. Nicht nur die akuten Symptome, auch frühere Erkrankungen müssen bekannt und betrachtet werden. Im Verlauf eines solchen homöopathischen Heilungsprozesses verschwinden die Symptome von innen nach außen oder von oben nach unten oder in der umgekehrten Reihenfolge ihres Auftretens. Diesen Heilungsverlauf beschreibt Constantin Hering, nach dem diese Aussage als die **Heringsche Regel** bekannt wurde.

Wichtig kann der Gesichtspunkt der chronischen Krankheiten bei der Behandlung der Schafe oder Ziegen werden, weil erkannt werden muss, dass **alle** Symptome und Erkrankungen bei einem Tier gesehen werden müssen, um das richtige Mittel, das **Konstitutionsmittel**, zu finden, das nicht nur Teilbereiche der Erkrankung heilt, während die chronische Krankheit in der Tiefe weiter besteht.

In der Praxis der Nutztierhaltung ist angesichts einer meist kürzeren Lebensdauer der Tiere und der Betonung der Wirtschaftlichkeit im Gegensatz zu den Hobby- oder Haustieren eine Behandlung der Akutfälle sicher praxisnäher und praktikabler. Doch in manchen Fällen mag ein genaues Betrachten und Überlegen, besonders im Hinblick auf die chronischen Krankheiten, lohnenswert sein und erst die vollständige Heilung ermöglichen. Die **chronischen Krankheiten** werden von Hahnemann in die drei **Miasmen Psora**, **Sykose** und **Syphilis** und ihre **Mischformen** unterteilt.

Miasma bedeutet Befleckung oder Besudlung. Jedes Miasma hat eine andere Grundstruktur, entwickelt andere Symptome und Krankheiten und hat dementsprechend andere homöopathische Heilmittel.

Die **Psora** kennzeichnet die Verlangsamung, die Unterfunktion, wenig Selbstvertrauen und einen geringen Entwicklungsfortschritt, einen allgemeinen Mangel und Hautsymptome.

Die passende Nosode ist **Psorinum** und das passende Arzneimittel **Sulfur**.

Die **Sykose** zeigt eine Überfunktion, eine Hypertrophie, wie Gallensteine, Nierensteine oder Absonderungen. Die Nosode ist hier **Medorrhinum** und das Arzneimittel **Thuja**.

Die **Syphilis** zeigt nun Destruktion und Zerstörung. So bilden sich Ulzera, Fehlbildungen oder eine Unterfunktion. Die Nosode ist hier **Syphilinum** und das Arzneimittel **Mercurius solubilis**.

Es kann ebenso zu einer Kombination von Miasmen kommen, die zu besonders aggressiven Erkrankungen führen.

Anhand der wichtigsten und auffallendsten Symptome, besonders denjenigen des Geistes und Gemütes, und der Modalitäten der Erkrankung erkennt man das Miasma, das beim beobachteten Tier vorherrscht. Stehen wir nun vor der **Auswahl** des homöopathischen Mittels oder fällt uns die **Wahl zwischen zwei Mitteln** schwer, wählen wir dasjenige aus, das zu dem vorherrschenden Miasma gehört.

Viele Mittel, besonders die **Polychreste**, also die Mittel mit einem weiten Wirkungsspekt-

rum, die auf mehrere Organe und Organsysteme wirken, haben verschieden große Anteile an allen Miasmen. Hierzu gehören besonders **Aconitum**, **Arnica**, **Mercurius**, **Nux vomica**, **Silicea**, **Sulfur**, **Thuja** und andere. Das in einem Mittel wichtigste Miasma hat dann die meisten Symptome.

Da in der Schaf- und Ziegenhaltung oft durch eine Zuchtauswahl eine Herde mit einer großen Anzahl gleicher Typen entsteht, die ähnliche Eigenschaften aufweisen, ist eine homöopathische Mittelauswahl mit Hilfe einer vorherigen Feststellung des bestimmenden Miasmas einfacher und sicherer.

DIE HOMÖOPATHISCHE STALLAPOTHEKE

Eine Stallapotheke sollte bei homöopathisch behandelnden Tierbesitzern neben dem gebräuchlichem Verbandsmaterial, Hilfsmitteln wie Schere, Fieberthermometer, Pinzette, Wunddesinfektionsmitteln, Geburtsstricken, pflanzlichen Medikamenten und Ähnlichem auch homöopathische Mittel enthalten, die als eine Art „Erste Hilfe“ verstanden werden können (siehe Tabelle Seite 25). Diese Mittel bieten einen guten Einstieg in die Kunst der homöopathischen Behandlung und können aus Einzelpräparaten, die der Hoftierarzt verschreibt, oder aus einer Auswahl von für Schafe und Ziegen zugelassenen Kombinationspräparaten bestehen. In der Stallapotheke befinden sich in erster Linie Mittel zur Versorgung von Verletzungen, zur Behandlung von Verdauungsstörungen, Herz- und Kreislaufproblemen und für Schwierigkeiten, die im Bereich der Ablammung und Jungtieraufzucht liegen. Für den Anfang sollte man sich auf eine überschaubare Anzahl von Mitteln einigen, die in Tiefpotenzen und in Globuli-Form oder als Komplexmittel zur Hand sind. Diese erleichtern den Start in die Homöopathie und können durch erste Erfolge zur Weiterentwicklung in diese Richtung anspornen.

Wichtig ist besonders die Art der **Aufbewahrung** dieser Mittel. Sie sollten fern jeder Art von Strahlenquelle deponiert sein, also nicht neben dem Telefon, dem Kühlschrank, der Mikrowelle oder anderen elektrischen Gerätschaften, sondern an einem ruhigen, kühlen, dunklen Ort. Die Nachbarschaft stark riechender Salben oder ätherischer Öle sollte ebenfalls vermieden werden, da sie einen ungünstigen Einfluss auf die Energie der homöopathischen Mittel haben.

Prinzipiell sind die Mittel unbegrenzt haltbar, hält man sich an diese Empfehlungen und vermeidet ungünstige Einflüsse auf die heilkräftigen Energien.

Vorschlag für die Stallapotheke

Einzelmittel

Aconitum napellus D12
Apis mellifica D12
Arnica montana D30
Arsenicum album D30
Belladonna D30
Cantharis D12
Carbo vegetabilis D12
China D12
Euphrasia officinalis D12
Ferrum phosphoricum D30
Gelsemium sempervirens D12
Hepar sulfuris D6
Ipecacauanha D12
Lachesis muta D30
Ledum palustre D12
Mercurius solubilis D12
Millefolium D6
Nux vomica D30
Phosporus D30
Phytolacca D12
Pulsatilla pratensis D12
Pyrogenium D30
Rhus toxicodendron D12
Sabina D30
Silicea D30
Sulfur D12
Veratrum album D30

Kombinationsmittel

Traumeel LT ad us.vet. (Heel)
Echinacea compositum ad us.vet. (Heel)
Crataegus logoplex (Ziegler)
Lachesis compositum N ad us.vet. (Heel)
Nux vomica-logoplex (Ziegler)
Caulophyllum-logoplex (Ziegler)

Mit diesen Mitteln kann man einen Großteil akuter und einige chronische Erkrankungen behandeln. Nach und nach mögen sich andere Mittel einfügen, je nachdem, welche Krankheiten gehäuft im Betrieb auftreten.

KONSTITUTIONSTYPEN

Die **Konstitution** ist die angeborene und erworbene Verfassung des Tieres im körperlichen als auch im seelischen Bereich. Sie beinhaltet die Anpassungs- und Regulationsfähigkeit des Tieres an seine Umwelt. Sie bestimmt, wie Krankheiten ablaufen und welche Symptome sich zeigen.

Die Erfassung des **Konstitutionstyps** und die Gabe des entsprechenden **Konstitutionsmittels** hilft vor allem bei der Behandlung chronischer Krankheiten, aber auch in der unterstützenden Therapie akuter Fälle. Das Konstitutionsmittel kann als energetische Zwischengabe zur Intensivierung der Reaktionsbereitschaft des kranken Tieres führen.

Sie gestaltet sich in der **Nutztierhaltung** möglicherweise schwierig, da das **Einzeltier** Schaf oder Ziege in der **Herde** „verschwindet" und oft kein enger Kontakt zum Tierhalter besteht. Es gibt jedoch einige auffallende Unterschiede im Körperbau, in Kondition, im Gesichtsausdruck, im Verhalten gegenüber den Artgenossen und den Betreuern, Art und Weise von Appetit und Durst und in der Reaktionsform auf eine Erkrankung, die unsere Tiere in einer Herde voneinander unterscheidet. Wichtig sind hier die besonders auffallenden und ungewöhnlichen Symptome. Oft wird das Konstitutionsmittel auch als **Simillimum** bezeichnet, da es die Gesamtheit der Symptome des Individuums beschreibt.

Arsenicum album

Ein Tier mit der vorherrschenden Konstitution Arsenicum (im Folgenden werden die Tiere kurz mit dem jeweiligen Arzneimittelnamen benannt), also Arsenicum-Tiere, sehen älter aus als sie sind. Die Tiere sind schlank bis abgemagert, nervös, ängstlich und reinlich. Auffallend sind die Erschöpfung und Schwäche, oft bei einer nur geringen Erkrankung, diese in Verbindung mit Unruhe, die wiederum nachts besonders ausgeprägt ist. Der Arsenicum-Typ trinkt häufig und mit kleinen Schlucken. Bei Annäherung weichen die Tiere zurück, sie wollen ihre Ruhe haben, aber auch nicht alleine sein. Ihre Erkrankungen treten periodisch oder jährlich wiederkehrend auf. Die Absonderungen riechen faulig bis leichenartig und die Wollqualität der Tiere ist schlecht. Eine Verschlimmerung der Beschwerden tritt in Folge von Kälte und Nässe und nachts auf und betrifft vor allem den Magen- und Darmtrakt, die Atemwege und die Haut.

Aurum metallicum

Dieser Konstitutionstyp ist meist älter, kräftig und schwer gebaut. Das Temperament ist launisch bis angriffslustig, bösartig und nervös. Die Tiere können aggressiv gegen bestimmte andere Tiere und auch den Menschen reagieren, wenn etwas gegen ihren Willen geschieht. Ihre Kraft und ihr Temperament können sich im Krankheitsfall in Schwäche und Gleichgültigkeit wandeln, es können Zyklen ohne Ovulation oder auch Ovarialzysten bei weiblichen Tieren oder Impotenz bei männlichen Tieren auftreten.

Calcium carbonicum

Calcium carbonicum-Tiere weisen bei hoher Leistung gute Kondition auf, sind mit einem kräftigen Körperbau, massivem Kopf und Bauch, jedoch schlaffem Bindegewebe ausgestattet. Der Calcium-Typ ist langsam und träge, gutmütig und schüchtern, nachtragend und starrköpfig. Die Tiere sind gefräßig und haben möglicherweise auch die Neigung seltsame Dinge zu fressen. Sie sind auch ohne die Austragung von Rangordnungskämpfen dominant. Es besteht eine Empfindlichkeit gegen kaltes, nasses Wetter und Anstrengung. Calcium carbonicum wirkt besonders auf den Stütz- und Bewegungsapparat, den Magen-Darm-Bereich, die Haut und das Lymphsystem.

Calcium phosphoricum

Hier ist der Körperbau im Gegensatz zum Calcium carbonicum-Typ feiner und kleiner, die Kondition eher durchschnittlich. Die Tiere sind ängstlich bis nervös durch den Phophoranteil, der Charakter eher schwierig und aggressiv. Sie lassen sich nur ungern anfassen, bei Schmerzhaftigkeit kann ihre Reaktion auf eine Berührung heftig ausfallen. Die Erkrankungen sind ähnlich wie beim Calcium carbonicum-Typ und werden ebenso oft durch Kälte und Nässe ausgelöst.

Graphites

Graphites-Tiere sind fett und verfressen, gutmütig und furchtsam, unentschlossen und wärmeliebend. Sie können einen üblen Geruch ausströmen und entwickeln besonders Erkrankungen der Haut, wenn innere Störungen vorliegen. Die Brunst tritt verspätet auf, es kann auch Widerwillen gegen den Deckakt bestehen oder Deckunlust beim männlichen Tier. Im Widerspruch zu ihrer Wärmeliebe steht die Verschlechterung ihres Zustandes durch Wärme. Erkrankungen beziehen sich auf den Magen und Darm, auf die Haut und den weiblichen Geschlechtsapparat.

Lycopodium

Diese Konstitution ist dünn und schlaff, hat ein „altes“ Aussehen. Der Lycopodium-Typ ist ängstlich, hat kaum Selbstbewusstsein, kämpft aber um seine Rangordnung, ist eigenwillig, launisch und misstrauisch. Bei Zwangsmaßnahmen kann er leicht aggressiv und ärgerlich werden. Der Appetit ist schlecht und das Tier ist mit seinem Futter wählerisch, wobei aber auch unverdauliche Dinge gefressen werden können. Ihre Krankheit entwickelt sich langsam und ist auch langsam zu heilen. **Lycopodium** hat einen starken Bezug zur Leber, es gilt daher als ein typisches „Lebermittel“.

Mercurius solubilis

Mercurius-Tiere haben eine gute Kondition, können aber auch abgemagert erscheinen. Sie sind unruhig, nervös und empfindlich, impulsiv und aggressiv. Es sind meist dominante Tiere. Der Mercurius-Typ hat viel Durst und viel Speichel, ist empfindlich gegen kalte Luft und nasskaltes Wetter. Als Homöopathikum hat es Bezug zu den Schleimhäuten, dem Magen- und Darmbereich, der Leber, dem Stütz- und Bewegungsapparat, der Haut und dem Lymphsystem.

Natrium muriaticum (chloratum)

Dies sind eher untergewichtige Tiere trotz guten Appetites, sie haben Heißhunger auf Salz bei großem Durst. Sie sind eigenwillig, selbstbewusst, gerne allein, wollen nicht angefasst werden und reagieren gegen andere Tiere auch aggressiv. Sie sind äußerst reizbar und überempfindlich gegen äußere Eindrücke. Krankheiten treten in Folge von Kummer, Verlust der Lämmer oder Herdengenossen oder nach anderen psychischen Traumata auf. Der Natrium-Typ verträgt schlecht die Sonne und kann in Gegenwart anderer nicht urinieren. Ihre chronischen Leiden treten über Sommer auf. **Natrium** wirkt besonders auf den Magen und Darm, die Haut und Schleimhaut und das Zentrale Nervensystem und ebenso ein Polychrest.

Nux vomica

Die Tiere sind schlank bis mager und entsprechend reizbar, nervös, allgemein überempfindlich, haben oft schlechte Laune und werden beim Festhalten auch aggressiv. Der Nux-Typ ist futterneidisch und frisst hastig, woraus oft Verdauungsstörungen resultieren. Es sind oft dominante Tiere, die sich stark in der Herde durchsetzen. Eine Verschlechterung ihres Gesundheitszustandes erfolgt durch Kälte, Aufregung, Kraftfutter-Überfütterung bei reiner Stallhaltung und fehlender Bewegung. **Nux** hat einen starken Bezug zu

Leber, Magen und Darm, Stütz- und Bewegungsapparat und Nervensystem.

Phosphor

Phophor-Tiere erscheinen feingliedrig, schlank, hochbeinig, dünnhäutig und mit weich-glänzender Wolle. Sie sind dabei recht heftig und unberechenbar, sehr empfindlich und lassen sich nur höchst ungern einfangen. Sie sind aber auch neugierig und verspielt, temperamentvoll, wobei sie aber rasch ermüden. Ihr Appetit ist sehr wechselhaft und ihre Krankheiten treten plötzlich auf. Die Symptome verschlechtern sich bei Wetterwechsel und Berührung. Der Phosphor-Typ hat viel Durst. Bei Erkrankungen mit hohem Fieber leidet sein Allgemeinbefinden oft erstaunlich wenig. **Phosphor** wirkt auf das Zentrale Nervensystem, die Schleimhaut, Leber und den Stütz- und Bewegungsapparat.

Pulsatilla

Dies sind Tiere mit harmonischem Körperbau, weichen Rundungen und feinem Haar. Sie sind ruhig, freundlich, sanft, anlehnungsbedürftig, eifersüchtig und furchtsam. Manchmal erscheint ein Pulsatilla-Tier auch widerspenstig oder als unduldsames Leittier. Meist ist es weiblich und reagiert extrem auf jede Veränderung, so auch mit Trauer bei Verlust des Lammes. Dieser Typ ist durstlos, fühlt sich an der frischen Luft wohler als im Stall und hat oft eine wechselnde Symptomatik. **Pulsatilla** wirkt besonders auf die weiblichen Geschlechtsorgane, aber auch auf Nervensystem, Magen, Darm, Stütz- und Bewegungsapparat.

Sepia

Diese Konstitution ist groß und schlank mit unharmonischem Körperbau, alles an ihr erscheint schlaff und lose. Wir finden Sepia-Typen oft bei älteren Muttertieren und unterscheiden dominante, aktive Tiere mit möglichen Fruchtbarkeitsproblemen von denen, die eher gleichgültig und lustlos erscheinen, oft schon mehrere Lammungen hatten und nun nur noch ihre Ruhe haben wollen. Oft tritt hier auch eine Gleichgültigkeit gegenüber den eigenen Lämmern auf. **Sepia** wirkt wie **Pulsatilla** auf die weiblichen Geschlechtsorgane und das Nervensystem, Magen und Darm, auf die Harnwege und den Stütz- und Bewegungsapparat.

Silicea

Silicea-Tiere sind mager, knochig, ungelenk mit großem Kopf und Bauch, hängendem Bauch und Euter, schlechtem Haarkleid und Klauenzustand. Sie sind ängstlich, schreckhaft, müde und nachgiebig. Sie setzen sich in der Herde nicht durch, werden herumgestoßen und benötigen Unterstützung, um ihre Leistung zu bringen und sich zu entwickeln. Oft findet sich die Silicea-Konstitution als Folge einer rohfaserarmen Fütterung und einem Mangel an Kieselsäure. **Silicea** wirkt auf Haut und Schleimhaut, Lymphsystem, Nerven.

Sulfur

Der Sulfur-Typ erscheint robust und selbstbewusst, nicht gerade reinlich und oft mit Hautproblemen. Das Tier ist unleidlich, widersetzlich, faul und hat einen enormen Appetit. Eine Verschlimmerung seiner Beschwerden tritt durch Wärme, Bewegung und Baden ein. Beim Sulfur-Typ sind der Geruch nach Fäulnis und die Beständigkeit des Leidens hervorzuheben. **Sulfur** hat ein breit gefächertes Arzneimittelbild und wirkt auf den gesamten Organismus, ist damit ein wichtiges Stoffwechselmittel.

> Viele Konstitutionsmittel gehören zu den Polychresten, das heißt, zu den Mitteln mit einem weiten Wirkungsspektrum und werden häufig und erfolgreich eingesetzt.

VORBEUGENDE BEHANDLUNG

Eine homöopathische Behandlung kann im klassischen Sinne nicht vorbeugend sein, doch finden sich mittlerweile praxiserprobte Verfahren in den verschiedensten Bereichen, die eine solche Behandlung sinnvoll erscheinen lassen.

Zeigen sich sicherste, noch undeutliche, eher aus dem Verhalten zu erahnende Krankheitszeichen an einem Einzeltier oder einer Tiergruppe, ist es ratsam, das passende Mittel zu geben ohne den ernsthaften Krankheitsausbruch abzuwarten. Haben die Tiere beispielsweise überraschend und schutzlos einen Wetterumschwung, Kälteeinbruch oder Unwetter überstanden, so gibt man Mittel, die das **Immunsystem** stärken (siehe unter Infektionskrankheiten) und, falls bekannt, das passende Konstitutionsmittel, um mögliche Erkrankungen zu verhindern oder abzuschwächen, möglicherweise in Kombination mit einer pflanzlichen Ergänzung.

Ein weiteres Beispiel ist die **Eugenische Kur** als eine vorgeburtliche Behandlung des Muttertieres, die eine Verbesserung des Erbgutes und der Gesundheit der ungeborenen Lämmer bewirken soll. Während der Trächtigkeit gibt man dem Tier in gewissen zeitlichen Abständen und in einer individuellen Reihenfolge homöopathische Mittel in einer Hochpotenz. Diese wählt man unter Berücksichtigung der Erkrankung der Vorfahren des Tieres, besonderer Anfälligkeiten, endemischer oder epidemischer Erkrankungen im Tierbestand oder im Gebiet des Hofes aus. Eine solche Kur muss immer auf das Einzeltier und den Tierbestand in seinem Umfeld abgestimmt sein. Allgemein kann man sich an folgende Regel halten:

Im frühen Trächtigkeitsstadium gibt man das Konstitutionsmittel des Muttertieres in Hochpotenz, dann in der Trächtigkeitsmitte eine Gabe **Sulfur** in Hochpotenz zur Anregung des Stoffwechsels und zum Abschluss kann man je nach Problematik in der Herde eine Gabe **Thuja**, **Tuberculinum** oder Ähnliches, ebenfalls in Hochpotenz, geben.

Diese speziellen Behandlungen erfordern meist den Rat eines erfahrenen Tierheilpraktikers oder homöopathisch arbeitenden Tierarztes, der die Zusammenstellung der Mittel aufgrund einer gründlichen Betriebsaufnahme vornehmen kann.

Nach einer **Impfung** der Tiere werden unerwünschte Impffolgen vermieden, indem man eine Gabe **Thuja** oder **Silicea**, **Malandrinum**, **Sulfur** oder **Tuberculinum bovinum** gibt. Man nimmt eine D30 oder C30 oder eine C200 und gibt den Tieren eine einzelne Gabe des Mittels im Zeitraum kurz vor, bei der Impfung oder im Anschluss.

War ein **Antibiotika-Einsatz** nötig, gibt man zur anschließenden Ausleitung der Medikamentenstoffe eine Gabe **Sulfur** in einer D30 oder C30 für ein bis drei Tage einmal am Tag. Auch **Nux vomica** in derselben Potenz und Dosierung oder das Mittel **Okoubaka** sind mögliche Helfer bei der Entgiftung des Organismus.

Nach der Verabreichung von **Kortikoiden** gibt man **Phosphor**, **Lachesis**, **Conium** oder auch **Apis** in einer mittleren Potenz für etwa drei Tage.

Jungtiere erhalten nach der **Geburt** eine Gabe **Calcium carbonicum** als D200 oder C200. Dieses Mittel stärkt die Neugeborenen bei ihrer Umstellung auf das Leben außerhalb des Mutterleibes und fördert ihre Entwicklung und Vitalität.

Dasselbe Mittel hilft auch im Kampf gegen die Neubesiedlung von Tieren aller Altersklassen durch **Endoparasiten**.

Wundinfektionen und **Probleme im Heilungsprozess** vermeidet man mit vorbeugenden Gaben von **Arnica** in einer D6 zwei- bis dreimal täglich oder einer C30 einmal täglich. Man kann ebenso **Echinacea** in einer D6 oder D12 oder in Form von **Echinacea compositum** ad

us.vet. (Heel) nehmen. Auch der Universalhelfer **Traumeel compositum** ad us.vet. (Heel) in jeder Form ist eine gutes Mittel zur Vermeidung von Komplikationen bei der Heilung von Verletzungen, Operationswunden und Ähnlichem.

Im Zeitraum der **Ablammung** sind einige Homöopathika als nützliche Vorbereitung einer problemlosen Geburt einzusetzen, dazu aber Näheres ab Seite 76.

Einen Schutz vor endemisch auftretenden **Aufzucht- und Infektionskrankheiten** bietet der Einsatz des schon erwähnten **Calcium carbonicum** in einer C200 oder auch von Nosoden der betreffenden Infektionskrankheiten.

So gibt es **Salmonella-typhimurium-Nosoden** in einer C200 gegen die Zitterkrankheit oder Border Disease beim Schaf und gegen Salmonellen-Abort, eine **Staphylokokken-Nosode** in C200, die bei der Nabel- oder Gelenklähme, Polyarthritis der Lämmer gegeben werden kann oder bei Mastitis.

HOMOTOXIKOLOGIE

Die Homotoxikologie ist eine von **Dr. Hans-Heinrich Reckweg** (1905–1985) entwickelte Krankheitslehre, die die Ursache der Krankheiten in den **Homotoxinen** sieht. Die Zusammensetzung einiger gebräuchlicher Kombinationsmittel auf dem Tierarzneimittelmarkt und die praxistauglichen Behandlungsansätze dieser Lehre macht es erforderlich, dieses Thema kurz zu behandeln.

Homotoxine sind innerlich und äußerlich entstande Gifte, also Krankheitserreger oder auch Schadstoffe aus dem Futter der Tiere, Stoffwechselprodukte aus dem eigenen, entgleisten Stoffwechsel. Bei einer übergroßen Anhäufung dieser Stoffe reagiert der Organismus mit biologisch zweckmäßigen Abwehrvorgängen und Ausgleichversuchen.

Reckweg teilt die auftretenden **Krankheitsstadien** in **sechs Phasen** ein, die er in einer Tabelle darstellt. In diese „Krankheitslandkarte“ kann man im Laufe der Behandlung die Erkrankung des Tieres einordnen und eine Verbesserung oder Verschlechterung erkennen.

Von der ersten Phase der Ausscheidung, in der die Gifte noch auf physiologische Weise ausgeschieden werden, verschlechtern sich die Heilungschancen bis zur letzten Phase der Zellentartung, in der die größte Toxindichte in einer bestimmten Körperregion herrscht und die Zellen dort ihren Stoffwechsel in Richtung Entartung, zum Krebs, umgestellt haben.

Bei der Behandlung der kranken Tiere soll über die **Aktivierung der Eigenregulation** das Abwehrsystem anregt werden. Die angesammelten und krankmachenden Toxine werden neutralisiert, entgiftet und ausgeschieden. Die Homotoxikologie ist als eine Art erweiterte Homöopathie zu verstehen.

Es werden meist **Kombinationsmittel** eingesetzt, die aufgrund der Indikationen ausgewählt werden. Im Gegensatz zur Homöopathie werden andere Wirkstoffgruppen zu homöopathischen Potenzen verarbeitet: Suis-Organpräparate (Schweine-Organ-Präparate), intermediäre Katalysatoren und homöopathisierte Allopathika, das heißt: schulmedizinische Heilmittel in homöopathischer Form.

Durch eine Kombination dieser Mittel mit denen der klassischen Homöopathie soll die Krankheit zur Heilung gebracht werden. Die Homotoxikologie oder Antihomotoxische Medizin kann die Kluft zwischen der Homöopathie und der Allopathie schließen, da sie Gemeinsamkeiten mit beiden Richtungen hat, zum Beispiel den Einsatz nach klinischen Indikationen wie in der Schulmedizin, aber dies mit homöopathischen Wirkstoffen.

THERAPIE MIT MINERALSTOFFEN NACH DR. SCHÜSSLER

Wilhelm Heinrich Schüßler wurde am 21. August 1821 in Zwischenahn in Oldenburg geboren und wuchs in bescheidenen Lebensverhältnissen auf. Er war wie Hahnemann ein hochbegabtes Kind und sehr sprachbegabt. Sein Medizinstudium finanzierte ihm ein älterer Bruder, und bevor er sein Staatsexamen machen konnte, musste er noch das ihm fehlende Abitur nachholen.

Im Alter von 36 Jahren ließ er sich als praktischer Arzt in Oldenburg nieder und widmete sich der Homöopathie, die ihn schon immer interessiert hatte. Auf der Suche nach einer Therapie mit nur wenigen Mitteln und durch die Lehre von **R. Virchow** über die Zelle entwickelte er seine Therapie mit **12 Funktionsmitteln**.

1873 veröffentlichte Schüßler einen Zeitungsartikel mit dem Titel „Eine abgekürzte Homöopathische Therapie" und ein Jahr später erschien eine Broschüre über die reduzierte homöopathische Therapie, in der die Homöopathie selber aber nicht mehr erwähnt wurde.

Die Grundursache aller Lebensvorgänge und die Ursache der Veränderung von Geweben und Organen liegt in der **Erregbarkeit der Zelle**, so Schüßler. Dadurch ist die Entstehung und die Eigenart der Erkrankung vor allem auf die Tätigkeit der Zellen gegründet. Eine normale und gesunde **Zellfunktion** ist abhängig von einem normalen Gehalt an **anorganischen Salzen**. Weicht dieser Gehalt von der Norm ab, entsteht die Ursache für eine **Krankheit**. Die **Therapie** besteht laut Schüßler darin, den Mangel dieser Stoffe durch eine medikamentöse Zufuhr auszugleichen. Wichtig sind hier die Auslösung eines Reizes und die Informationsübertragung an die Zellen, die dann die für sie notwendigen anorganischen Salze verstärkt aus der Nahrung aufnehmen.

Zu den **Schüßler-Salzen** zählen:

- **Calcium fluoratum**
- **Calcium phosphoricum**
- **Ferrum phosphoricum**
- **Kalium chloratum**
- **Kalium phosphoricum**
- **Kalium sulfuricum**
- **Magnesium phosphoricum**
- **Natrium chloratum (muriaticum)**
- **Natrium phosphoricum**
- **Natrium sulfuricum**
- **Silicea** und
- **Calcium sulfuricum**

Später wurden weitere Mineralstoffe in Gewebe und Blut bekannt, die für die Gesunderhaltung von Bedeutung sind. Sie werden heute als **Ergänzungsmittel** bezeichnet und können mit in die Therapie einbezogen werden.

Die Funktionsmittel sind als Tabletten in den festgelegten Potenzen D3, D6 und D12 zu erhalten und sind der Reihe nach durchnummeriert. So ist Schüßler-Salz Nr. 1 **Calcium fluoratum** und so weiter.

Wenn auch Schüßlers Gedanken und Therapieinhalt nicht mehr homöopathisch geprägt sind, so sind die Schüßler-Salze homöopathische Medikamente und können je nach Verständnis und Überzeugung des Anwenders in beiden Richtungen eingesetzt werden. In der Regel sind die Mittel als Schüßler-Salz preiswerter als in homöopathischer Form und können gleichwertig eingesetzt werden.

VORTEILE UND GRENZEN EINER HOMÖOPATHISCHEN BEHANDLUNG

Da Schafe und Ziegen zu den **Lebensmittel liefernden Tieren** zählen, müssen bei deren Behandlung auch mit homöopathischen Medikamenten besondere arzneimittelrechtliche Vorschriften beachtet werden, die bei der Behandlung von Hunden und Katzen beispielsweise andere wären.

Nach dem derzeitigen Stand der **deutschen Arzneimittelgesetzgebung** ist zu unterscheiden, ob der **Tierarzt** oder der **Nichttierarzt** (Tierheilpraktiker, Tierhalter) die behandelnde Person ist. Homöopathische Einzelmittel mit Humanregistrierung können vom Tierarzt in der Potenz von D6 und höher umgewidmet und verwendet werden wie auch homöopathische Kombinationspräparate. Der Nichttierarzt darf ohne tierärztliche Anweisung nur die für Schafe und Ziegen zugelassenen Mittel verwenden, die zurzeit meist als Komplex- oder Kombinationsmittel auf dem Markt sind. Alle anderen homöopathischen Medikamente darf er nur mit Verschreibung des Tierarztes einsetzen. Deshalb werden im folgenden Teil die homöopathischen Einzelmittel erst ab der Potenz D6 angegeben und die Kombinationsmittel sind nur die aus den Reihen der für Schafe und Ziegen zugelassenen Mittel.

Für die Anwendung der homöopathischen Arzneimittel, die apothekenpflichtig sind, gelten die üblichen Aufzeichnungspflichten (Abgabebeleg, Bestandsbuch).

Beim gesetzlich erlaubten Einsatz der für diese Tierart zugelassenen Medikamente kann das Problem der **Wartezeiten** für die Produkte wie Milch und Fleisch vernachlässigt werden, da sich keine Rückstände der eingesetzten Mittel im Tierorganismus finden lassen. Die Medikamente sind **ungiftig**, haben keine nachteiligen **Nebenwirkungen**, sind **umweltfreundlich** und eine **Alternative** zu den zwischenzeitlich vom Markt genommenen und auch manchen unwirksam gewordenen Medikamenten, beispielsweise im Bereich der Antibiotika.

Homöopathische Medikamente können **alleine** oder als **unterstützende Behandlung** bei einem weiten Spektrum von Erkrankungen eingesetzt werden. Sie zeigen eine gute Wirkung bei Infektionskrankheiten, bei hormonellen Störungen, bei Stoffwechselstörungen, bei der Regulation von Funktionsschwächen einzelner Organe und zur Wiederherstellung der Gesundheit des Tieres ohne eine langdauernde Erholungsphase.

Die Homöopathie kann jedoch nicht mehr heilen, wo das Immunsystem nicht mehr reagiert, bei völliger Organdegeneration oder bei ausgeprägten Mangelerkrankungen, wo zuerst der betreffende Mangel behoben werden muss.

Bei hochakuten Infektionen muss abgewägt werden, ob ein alleiniger Einsatz der Homöopathie überhaupt sinnvoll oder eine Behandlung mit allopathischen Mitteln vorzuziehen ist, um das Leben und Wohlergehen des Tieres zu sichern.

Ein Beharren um jeden Preis auf der Homöopathie und Verwerfen der herkömmlichen Behandlungsmethoden ist genauso unsinnig wie das Verleugnen der Wirksamkeit homöopathischer Medikamente. Hier muss das Zusammenarbeiten und Ergänzen aller Heilmethoden, Offensein für verschiedene Denkrichtungen gefordert werden, um auch die homöopathische Heilmethode im Bereich der Schaf- und Ziegenhaltung zu fördern und zu entwickeln. Ich betone noch einmal, dass die Homöopathie keine Konkurrenz, sondern eine Ergänzung der klassischen Veterinärmedizin sein und auch als solche verstanden und ausgeübt werden soll.

SPEZIELLER TEIL

ERKRANKUNGEN DES GESAMT-ORGANISMUS

Infektionskrankheiten

Infektionskrankheiten werden durch die Übertragung und das Eindringen von verschiedenen Mikroorganismen, wie Viren oder Bakterien, in den Organismus verursacht.

Die homöopathische Behandlung dieser Erkrankungen zielt nicht in erster Linie auf die Bekämpfung der Erreger, sondern wirkt stärkend auf das Immunsystem und die Abwehrkräfte des gesamten erkrankten Tieres. Mit Hilfe der passenden Mittel bringt sich der erkrankte Organismus selbst wieder in den Gleichgewichts- und damit Gesundheitszustand, und die Infektionserreger werden zurückgedrängt.

Ist bei Infektionen ein Antibiotika-Einsatz notwendig, kann die gleichzeitige Verabreichung homöopathischer Mittel zur Infektionsabwehr deren Wirkung sogar verbessern und steigern.

In problematischen und hochakuten Fällen können also Schulmedizin und Homöopathie sehr wohl vereint werden und gemeinsam an der Genesung des Tieres wirken.

Begleitend zu den Basismitteln zur Behandlung der Infektion können Mittel mit Bezug auf das jeweilig betroffene Organsystem und die auftretenden Symptome, wie Husten, Durchfall oder Lähmung, in Kombination ausgewählt und eingesetzt werden.

Basisbehandlung bei Infektionskrankheiten

Mögliche **Einzelpräparate** sind:
Echinacea angustifolia D6/D12/D30,
Coffea arabica D6/D12/D30,
Lachesis muta D8/D12/D15/D30,
Propolis D6/D12/D30,
Pyrogenium D8/D12/D15/D30,
Sulfur D6/D8/D12/D30,
Vincetoxicum D6/D12/D30.
Eine bewährte **Kombination** besteht zu gleichen Teilen aus den Einzelmitteln **Coffea D6**, **Bufo rana D12**, **Vincetoxicum D6**, **Echinacea D6** und **Sulfur D6** oder **D8**. Möglich ist auch die Kombination von **Lachesis D8/D12/D15** mit **Pyrogenium D8/D12/D15**.

Allgemeininfektionen werden wirkungsvoller mit einer höheren Potenz von **Pyrogenium**, Lokalinfektionenen besser mit einer höheren Potenz von **Lachesis** angegangen.

Lachesis wird bei septischen Entzündungen wie Phlegmone, bei heftigen Infektionserkrankungen mit erhöhter Temperatur, Schüttelfrost und Apathie und bei Blutungsneigung gegeben. Kennzeichnend ist, dass eine physiologische Funktion, wie beispielsweise die Milchproduktion, gestört ist, bevor andere Krankheitszeichen auftreten. Charakteristisch sind ebenso das hohe Fieber, der schnelle Pulsschlag und eine deutliche Apathie (Teilnahmslosigkeit) der erkrankten Tiere.

Lachesis wirkt eher über das venöse Blut, das heißt, die Krankheit spielt sich in der Blutbahn ab. Nach einer anfänglich unproblematischen Erkrankung verschlechtert sich der Zustand des Tieres und geht in Richtung Sepsis (Blutvergiftung), Hämorrhagie (Blutung) und Zyanose (blaurote Färbung von Haut und Schleimhaut aufgrund verringerten Sauerstoffgehaltes im Blut). **Lachesis** zeigt auch eine sehr gute Wirkung bei Sekundärinfektionen mit schlechter Heiltendenz, die einer Virusinfektion folgen.

Pyrogenium wird bei Infektionen mit einem schlechten Allgemeinzustand, bei heftigen und auffallenden Symptomen genommen, die unharmonisch sind, das heißt, nicht zueinander passen. Wir stellen beispielsweise hohe Temperatur und langsamen Herzschlag, schwere Allgemeinstörung verbunden mit (jedoch) großer Unruhe, Zittern und Erschöpfung fest.

Es greift besonders in gangränöse (Nekrose des Gewebes durch Mangeldurchblutung) und mit Fieber verbundene Erkrankungen ein. **Pyrogenium** ist eine wertvolle Ergänzung zu **Lachesis** bei Fieberzuständen nach der Geburt, bei eitrigen Euterentzündungen oder bei infektiösen Durchfällen.

Echinacea nimmt eine Stellung zwischen beiden Mitteln ein und kann sehr gut mit beiden Mitteln kombiniert werden, ergänzt und vervollständigt ihre Wirkung. Das Einsatzgebiet von **Echinacea** reicht von der allgemeinen Unterstützung und Förderung der natürlichen Abwehrkräfte, von akuten Infektionen jeder Art mit erhöhter Temperatur, von Symptomen der Blutvergiftung und allgemein septischen Zuständen bis hin zu übel riechenden Geschwüren, Lymphknotenentzündungen, Verletzungen und ihren Entzündungen. **Echinacea** bewirkt eine gesteigerte Phagozytosekapazität der Leukozyten und des Abwehrsystems des Organismus, wodurch die Krankheitserreger, Fremdkörper und Gewebstrümmer schneller abgebaut werden können. Bei schleichenden und chronischen Infektionen dient es als Umstimmungs- und Reizmittel.

Coffea stärkt und aktiviert das Herz-Kreislaufsystem, das als Bindeglied zwischen den verschiedenen Körpersystemen bei vielen Erkrankungen sehr belastet wird. Neben der Stützung des Kreislaufs stärkt **Coffea** auch die Immunabwehr des Organismus.

Aconitum wirkt besonders auf die Gefäße und die akute Entzündung. Wichtig ist hier die Plötzlichkeit der Erkrankung, die mit Schüttelfrost und schnellem Fieberanstieg beginnt, wobei die große Ängstlichkeit des Patienten auffällt. Die erkrankten Tiere haben großen Durst auf kaltes Wasser und zeigen einen deutlichen Berührungsschmerz im Bauchbereich. Die Entzündung ist jedoch noch nicht lokalisiert. Hervorgerufen wird die Erkrankung unter anderem durch Unterkühlung bei kaltem Nord-Ost-Wind, trockener Kälte oder Wetterwechsel.

Belladonna fällt ebenso durch die Plötzlichkeit der Erkrankung auf und wirkt bei akuten und hoch fieberhaften Entzündungen. **Belladonna** wird im Stadium der Infiltration, beim Übergang der Erkrankung zur Eiterung und damit am Beginn der Krise eingesetzt, nicht wie **Aconitum** vor der Lokalisation der Entzündung. **Belladonna** hat einen besonderen Bezug zu grobmaschigen Geweben wie Euter und auch Lunge. Kennzeichnend für **Belladonna** sind trockene und heiße Schleimhäute, erweiterte Pupillen und Blutstau in den Venen. Der Puls des Tieres ist hart und voll, die Extremitäten sind schmerzhaft und die Gelenke geschwollen. Bei einem rechtzeitigen Einsatz kann Belladonna die Entstehung von Schäden am Herzmuskel und an den Herzklappen verhindern, die in Folge von Infektionskrankheiten auftreten können.

Propolis ist der Baustoff der Honigbienen und wird aufgrund seiner antibiotischen Eigenschaften zum Mumifizieren von Eindringlingen im Bienenstock verwendet. Die Inhaltsstoffe wirken nicht nur gegen Bakterien, sondern auch gegen Viren und Pilze und es wirkt zudem kreislaufanregend. Sehr zu empfehlen ist **Propolis** als Zusatztherapie bei entzündlichen, viralen und bakteriellen Erkrankungen, bei Lähmungen und Herzmuskelschwäche.

Kombinationsmittel sind beispielsweise:
Viruvetsan (DHU) mit Coffea tosta, Bufo und Echinacea;
Engystol ad us.vet. (Heel) mit den Bestandteilen Sulphur und Vincetoxicum;
Lachesis compositum N ad us.vet. (Heel) mit Lachesis, Pyrogenium, Sabina, Echinacea und Pulsatilla;
Pyrogenium compositum (Schaette) mit Pyrogenium, Lachesis und Argentum metallicum;
Echinacea S-logoplex (Ziegler) mit Echinacea, Aconitum, Lachesis und Apis;

Lachesis S-logoplex (Ziegler) mit Lachesis, Echinacea, Pulsatilla, Pyrogenium, Sepia und Sabina;
TR 16 N-logoplex (Ziegler) mit Aconitum, Arnica, Belladonna, Coffea, Lachesis u. a.;
Febrisal 4 (Biokanol) mit Aconitum, Echinacea und Lachesis;
Laseptal (DHU) mit Lachesis, Echinacea, Pyrogenium und Chlorophyll;
Pyrogenium compositum N PLV ad us.vet. (PlantaVet) mit Lachesis, Pyrogenium und Argentum metallicum;
Lachesis/Argentum compositum PLV (PlantaVet) mit Lachesis, Argentum metallicum, Hepar sulfuris, Quarz, Belladonna und Mercurius;
Vetokehl Sub D4 (Mastavit) mit Bacillus subtilis.

Virusinfektionen

Lippengrind, Maulgrind

Diese Infektion führt zu einer pockenähnlichen Entzündung der Haut im Bereich von Maul, Euter, Klauen und der Schleimhaut im Maul, der Speiseröhre und des Vormagens (Maulform, Fußform, genitale Form, Schleimhautform). Eine Ansteckung von Mensch und Hund ist möglich.

Der Parapox-Virus dringt durch kleine Verletzungen ein und bildet zunächst Pusteln und Bläschen, dann Borken und Krusten, wobei häufig Sekundärinfektionen auftreten.

Lämmer, besonders in mutterloser Aufzucht oder Mast, erkranken oft sehr schwer mit Beteiligung von Lunge und Leber. Hier sind auch Todesfälle möglich. Bei Alttieren ist die Erkrankung meist nicht so schwerwiegend.

Möglich ist auch eine bösartige Verlaufsformen bei einer Miterkrankung des oberen Verdauungskanals. Es kann zu Fieber, Lungenentzündung, Magen-Darm-Entzündung, Lahmheiten und zum Ausschuhen der Klauen kommen.

Therapie

Basisbehandlung und Auswahl unter den folgenden Mitteln:
Acidum nitricum D6/D12: entzündliche Schleimhautveränderungen am Übergang zur Haut, leicht blutend, Schorfe in der Nase, reichliche Schaumbildung im Maul.
Antimonium crudum D6/D12: dicke, gelbe honigartige Krusten, Eiterbläschen, pustulöse Ausschläge.
Apis D12: rote und vor allem ödematöse Schwellung, die schmerzhaft ist, hellrote Schleimhaut im Maulbereich.
Borax D6/D12: herpesähnlicher Ausschlag im Maul und an der Nasengrenze, viel Speichel, Krusten an der Nase. Tiere können nicht trinken und fressen.
Calendula D6: allgemein bei schlecht heilenden und infizierten Wunden.
Cantharis D6/D12: akute und schmerzhafte Entzündung, größere Blasen. Tier ist ruhelos.
Hepar sulfuris D6/D8/D12: Entzündung mit Eiterung, Bläschen, Blasen und Pusteln, Schmerzhaftigkeit. Eher bei verschleppter Behandlung einsetzen.
Mercurius solubilis D8/D12: Ausschläge und Geschwüre mit gelb-braunen Krusten, entzündete Schleimhaut im Maul, viel Speichel, der seifenartig und fadenziehend ist, großer Durst und übler Geruch aus dem Maul.
Mezereum D6/D12: Hautentzündung mit Bläschen, dicke Schorfen und Geschwüren.
Natrium muriaticum D6/D12: krustiger Ausschlag im Maulbereich, Aphten und Herpes an den Lippen.
Psorinum D30: Pusteln und Bläschen, Krusten, nässend, Zahnfleischentzündung und Aphten. Es eignet sich gut als Kombinationsmittel, da es langsam wirkt und ein Akutmittel ergänzt.
Rhus toxicodendron D6/D12: dunkelrote Schleimhaut, Bläschen und Pusteln.
Silicea D6/D12: schlecht heilende und eiternde Wunden; zum Ausheilen der Entzündung am Ende der Behandlung.

Staphisagria D6/D12: Papeln und Bläschen mit Krusten, darunter befindet sich gelbliche Flüssigkeit.
Urtica urens D6/D12: Hautausschläge, Quaddeln mit Jucken und Brennen.
Kombinationsmittel
Traumeel LT ad us.vet. (Heel) und
Arnica S-logoplex (Ziegler) als Verletzungsmittel.
Echinacea compositum ad us.vet. (Heel) zur Steigerung der Abwehrkräfte.
Engystol ad us.vet. (Heel) als „Virenmittel" und zur Abwehrsteigerung.

Maedi oder Visna

Das Virus führt zur Entstehung von zwei Krankheitsbildern.

Einmal kann es zu **Maedi** kommen, zu einer chronisch-progressiven Pneumonie (das heißt einer langsam verlaufenden, fortschreitenden Lungenentzündung), die weltweit verbreitet ist. Maedi ist das isländische Wort für Atemnot. Die Erkrankung ist eine Kontaktseuche, das heißt, sie verbreitet sich durch engen Kontakt zwischen den Tieren in der Herde. Erste Symptome treten erst Monate bis Jahre nach der Infektion auf. Es kommt zu sich langsam verstärkenden Atembeschwerden, zu Abmagerung, zunehmendem Husten und möglicherweise zu einer chronischen Gelenkentzündung der Karpalgelenke (Vorderfußwurzelgelenke). Die Erkrankungen verlaufen aber ohne Fieber. Die Tiere sterben nach drei- bis achtmonatiger Krankheitsdauer.

Die zweite Krankheitsform ist **Visna**, eine entmarkende Meningoenzephalomyelitis (Entzündung des Gehirns, der Hirnhäute und des Rückenmarks). Das isländische Wort bedeutet Abmagerung, und auch diese Krankheit verläuft langsam, oft in Kombination mit Maedi und auch ohne Fiebersymptome. Monate nach der Infektion kann man Symptome wie Zittern der Lippen, Seitwärtshalten des Kopfes, Mattigkeit, Lahmen und Schwäche in den Hintergliedmaßen feststellen. Die Tiere nehmen wie bei Maedi ab. Die Bewegungsstörungen nehmen von hinten nach vorne zu. Im Verlauf mehrerer Monate kommt es mit zunehmenden Paresen und Paralysen (unvollständige und vollständige Lähmungen) zum Tod der erkrankten Tiere.

Therapie

Basisbehandlung und Mittel für die Atemwegserkrankung:
Bryonia D6/D12: trockener und krampfhafter Husten, trockene Schleimhäute. Die Tiere wollen liegen bleiben und alleine sein, es besteht eine schnelle Atmung. Die Krankheit entwickelt sich langsam, aber unaufhaltsam. Eher bei fortgeschrittenen Fällen einsetzen.
Causticum Hahnemanni D6/D12/D30: trockener, krampfhafter Husten, gesenkter Kopf, an Lahmheit erinnernde Schwäche und Zuckungen, matte und träge Tiere, trotzdem ruhelos und auch reizbar und schlecht zu untersuchen. Eher bei lang anhaltenden Krankheiten, die sich langsam entwickeln, einsetzen.
Hyoscyamus D12/D30: mit Bezug auf das Nerven- und Atemsystem bei Übererregbarkeit, Krämpfen der Muskulatur, Zuckungen und krampfartigem, trockenen Husten.
Kalium bichromicum D6/D12: schleichender Krankheitsverlauf mit Husten, erschwertem Auswurf, der fadenziehend und schleimig ist, kein Fieber, Mangel an Eigenwärme, Erschöpfung, aber auch Gelenkschmerzen.
Phosphor D8/D12/D30: wirkt besonders bei akuten wie auch chronischen Erkrankungen mit langsamer Entwicklung, die zu Abmagerung führen; starke Wirkung auf das Nervensystem, Erschöpfung und Zittern, Lähmung, Bronchitis mit trockenem Husten, wenig Sekret, Atemnot; verhindert oder löst das Stadium der Hepatisation bei der Lungenentzündung (Verfestigung der Lungenbereiche im Verlauf der Erkrankung).
Weitere Mittel siehe auch ab Seite 54.
Mittel für die zentralnervösen Störungen:
Aconitum D6/D12/D30: plötzlicher Beginn der Erkrankung, bei Ängstlichkeit, Unruhe und Überempfindlichkeit der Tiere. Im Anfangsstadium einsetzen.
Belladonna D6/D12/D30: durch seine Wirkung auf das Nervensystem gut einzusetzen bei entzündlichen Veränderungen der Gehirnhäute und des Gehirns, bei Schläfrigkeit und ataktischem Gang mit Schwindel in der Erschöpfungsphase der Erkrankung.
Conium maculatum D12/D30: bei Zungen- und Schlucklähmung, Schwäche mit Koordinationsstörungen, die sich von hinten nach vorne ausbreiten. Tiere können nicht mehr aufstehen.
Weitere Mittel siehe Bornasche Krankheit Seite 41.

CAE-Viruserkrankung, Caprine-Arthritis-Enzephalitis, Gelenk- und Gehirnentzündung der Ziegen

Die unterschiedlichen Krankheitsbilder werden durch die schnelle Ausbreitung von Viren, den Shigellen, hervorgerufen. Sie ähneln den Erregern von Maedi und Visna, sind aber eine eigenständige Art. Wie bei diesen Erkrankungen verbreitet sich der Erreger durch den engen Kontakt der Tiere untereinander.

Nicht alle erkrankten Tiere erkranken sichtbar, der Krankheitsverlauf ist meist schleichend und die Tiere sterben oft erst nach Jahren durch die Infektion.

Wir finden bei der **Gehirnform** Entzündungen von Rückenmark und Gehirn, wodurch Störungen des Bewegungsablaufs und des Gleichgewichts entstehen. Auch Symptome einer Lungenentzündung sind möglich.

Bei der **Gelenkform** kommt es zu Entzündung an den Vorderfußwurzelgelenken oder auch anderen Gelenken wie Knie und Hüfte der Alttiere bis hin zur Lahmheit oder zum Festliegen.

Daneben fallen ein schlechtes Haarkleid und abnehmende Milchleistung der weiblichen Tiere auf. Das Euter weist Verhärtungen auf, die Euterlymphknoten sind vergrößert und die Milchleistung kann zum Erliegen kommen. Ebenso tritt möglicherweise Verlammen auf.

Auffallend ist, dass die Erkrankung ohne Temperaturerhöhung einhergeht.

Therapie

Basisbehandlung und Auswahl weiterer Mittel:
Atemwegssymptome:
unter den Mitteln bei Lungenentzündung (siehe Seite 54f.), nervöse Störungen: siehe Bornasche Krankheit sowie bei der Gelenkform zusätzlich Mittel bei Gelenkentzündung (siehe Seite 70).
Erkrankungen des Bewegungsapparates:
Apis D12/D30: rote und ödematöse Schwellung der Gelenke, die schmerzhaft ist, gleichzeitig auch Wirkung auf das Nervensystem, bei Zittern der Extremitäten, steifen und kalten Gliedern.
Belladonna D6/D8/D12: akute und fieberhafte Entzündung mit Schwellung, Hitze und Schmerzhaftigkeit, ebenso mit Wirkung auf das Nervensystem, also bei entzündlichen Veränderungen des Gehirns und der Hirnhäute, bei Schwindel und Bewegungsstörungen.
Bryonia D6/D12: Gelenke sind geschwollen, steif und bei der geringsten Bewegung schmerzhaft, ebenso mit Wirkung auf das Nervensystem, Schwindel und Gehirnhautentzündung.
Kalium bichromicum D6/D8/D12: geringere Schwellung und Schmerzhaftigkeit der Gelenke als **Bryonia**, schleichender Krankheitsverlauf, Schwindel und Erschöpfung der Tiere. Als Nachbehandlung und folgt gut auf **Bryonia**, zusätzliche Wirkung von **Kalium** auf die Atemwege, also bei Husten, Bronchitis mit fadenziehendem Auswurf, kein Fieber.

Bornasche Krankheit, Kopfkrankheit, ansteckende Gehirn-Rückenmarksentzündung

Diese Erkrankung führt im **typischen Fall** zu zentralnervösen Störungen, wie Erregung oder Depression, zu Koordinationsstörungen oder Krämpfen. Der Verlauf der Erkrankung ist eher depressiv, die Tiere machen einen niedergeschlagenen und matten Eindruck, sind weniger erregt und hektisch. Oft fällt ein leicht verändertes Verhalten der Tiere, wie Absondern, Mattigkeit, abnorme Bewegungen und gestörte Futteraufnahme, im Anfangsstadium noch nicht auf.

Im **atypischen Fall** beobachten wir Erkrankungen der Atemwege oder der Verdauung. Meist erkranken Tiere im Alter von einem halben bis zu zwei Jahren. Erst einige Monate nach der Infektion sind die ersten Symptome festzustellen. Die Tier sind einige Tage bis zu drei Wochen krank und sterben meist. Bei Ziegen ist der Verlauf in der Regel milder.

Therapie

Basisbehandlung und eine Auswahl unter den Mitteln des Nervensystems:
Aconitum D6/D12/D30: im Anfangsstadium einsetzen, es beruhigt und lindert Nervensymptome, besonders bei plötzlich auftretenden Symptomen, bei Ängstlichkeit und Unruhe.
Agaricus muscarius D6/D30: das Tier ist erregt und gereizt, es besteht die Neigung zu Fallen, Schwindel und Gleichgewichtsstörungen, Zucken der Kopfmuskulatur und Kopfschütteln, übertrieben hohe Schritte, später Delirium mit hohem Pulsschlag, Blasen- und Darmentleerungsstörungen.
Belladonna D6/D8/D12: heftige Krämpfe mit Übererregung, Kopfschütteln und Kopfdrücken, dabei Pupillenerweiterung und rot gefärbte Augen. Es ist besonders das Gehirn beteiligt, in der Erschöpfungsphase ist das Tier schläfrig und schwindelig.

Cicuta virosa D6/D12: starrer Blick, Schielen, Blindheit, der Kopf wird zurück oder zur Seite gehalten. Es besteht ein Zucken mit Zusammenziehen der Nackenmuskulatur, zusammengepresster Kiefer, unsicherer Gang.
Conium maculatum D6/D12/D30: Zungen- und Schlucklähmung, Koordinationsstörung, Verrenkungen der Extremitäten und Schwäche, die hinten beginnt und sich nach vorne ausbreitet, Lähmung von unten nach oben. Die Tiere können nicht mehr aufstehen, werden apathisch und matt, es besteht fortschreitende Abmagerung.
Cuprum metallicum D12/D30: das Krampfmittel schlechthin, ein gutes Mittel für milde Fälle, die plötzlich auftreten, mit Krämpfen, Zittern und Lähmung, Schwindel, Rucken und Zucken der Muskeln, heftige Kolik.
Curare D15/D30: Atemstörungen, Abwehrreaktion bei Druck auf die Brustwand, Muskelschwäche und -steifigkeit, Koordinationsstörungen und geringe Reflexe. Die Tiere sind niedergeschlagen und unentschlossen, ziehen den Kopf nach hinten, es besteht Backen- und Gesichtslähmung, allgemeine Schwäche der Muskulatur.
Gelsemium D6/D12/D30: ein ausgesprochenes Nervenmittel, bei Folgen von Infektionskrankheiten und eher ein Mittel bei subakuten Erkrankungen, die sich hinziehen. Schluckbeschwerden, Herabhängen der Augenlider, motorische Schwäche der Nackenmuskulatur, zittrige Schwäche und Apathie, Muskelschwäche und Lähmungen.
Helleborus niger D6/D12/D30: kein Anfangsmittel. Pupillen sind erweitert und die Augen eingesunken, der Kopf wird nach hinten gehalten, Kaubewegungen. Automatische Bewegung einer Gliedmaße und ruckartiges Aufstehen, muskuläre Schwäche bis Lähmung, kaum Reaktion auf äußere Reize bis hin zur Bewusstlosigkeit, Harnverhalten.
Heloderma suspectum D6: Untertemperatur, hervortretende Augen, Kopf kippt nach rechts, hohe Schritte mit hartem Aufsetzen, Taumeln, schlaffe Lähmung.
Hyoscyamus D6/D12/D30: Kopfschütteln und erweiterte Pupillen, Herabsinken des Unterkiefers, Krämpfe, Muskelzucken, Unruhe und Schmerzüberempfindlichkeit. Krämpfe nach länger zurückliegender Infektion, auch mit krampfartigem Husten und epileptischem Anfall, leicht erregbare Tiere.
Lathyrus sativus D30/D200: Lähmung von Maul und Hals, fortschreitende Schwäche der unteren Gliedmaßen, Steifheit der Beine und Krämpfe mit gesteigerten Reflexen. Nach langer Erkrankung und Auszehrung.
Opium D30: ruhiges und komatöses Tier, kleine Pupillen und röchelnde Atmung, der Kopf wird oft zur Seite gedreht, krampfartige Bewegungen von Hals und Kopf. Aufblähung und Verstopfung aufgrund Darmlähmung, Schmerzunempfindlichkeit, aber Überempfindlichkeit zum Beispiel gegen Geräusche und Licht.
Plumbum aceticum D12/D30: Lähmung und Schwäche einzelner Extremitäten, besonders vorne, Muskelschwäche, fortschreitende Lähmung, dabei Abmagerung. Sensibilitätsstörungen und extreme Berührungsempfindlichkeit, schmerzhafte Krämpfe.
Propolis D30: auch bei länger bestehenden Erkrankungen, vor allem Viruserkrankungen, mit Wirkung u. a. auf Herz und Nervensystem.
Stramonium D12/D30: Zucken einzelner Muskelgruppen, Zittern und Sehnenhüpfen, Schwindel und Neigung zum Schwanken und Fallen. Im Liegen fällt Heben und Senken des Kopfes auf, die Augen sind weit hervorstehend, weit geöffnet und starr, Konvulsionen (Schüttelkrämpfe).
Strychninum D12/D30: Muskelverhärtung und Steifigkeit, aufsteigende Muskelkrämpfe, Neigung bei gekrümmtem Rücken die Glieder zu strecken, sogenannte choreatische Symptome, plötzlich einschießende unwillkürliche und oft asymmetrische Bewegungen, besonders der Extremitäten; beschleunigte Atmung und Kieferstarre, übermäßige Reizbarkeit.
Theridion D12/D30: Ataxie, Schwindel und Geräusch- und Schmerzempfindlichkeit bei der

geringsten Bewegung, besondere Empfindlichkeit im Rückenbereich.
Zincum metallicum D30: Kopfschütteln oder -rollen, Muskelzucken, paddelnde Fußbewegungen und ständige Bewegung der Füße, dabei langsame und müde Tiere, da herabgesetzte Gehirnfunktionen. Kennzeichnend ist die Erschöpfung.

Bakterielle Infektionen

Pseudotuberkulose der Ziegen

Die Pseudotuberkulose stellt eine verkäsende Lymphadenitis, eine chronisch ansteckende Entzündung des Lymphsystems durch den Eitererreger Corynebacterium pseudotuberculosis, dar. Das Allgemeinbefinden der betroffenen Tiere ist oft ungestört, doch bei einer massiven Erkrankung magern die Ziegen stark ab. Es können Atem- und Schluckbeschwerden je nach Lage der befallenen inneren Lymphknoten oder auch Blähungen auftreten.

Therapie

Basisbehandlung und eine Auswahl unter folgenden Mitteln:
Silicea D30, **Calcium carbonicum D6/D12**, **Calcium jodatum D6/D12**, **Mercurius solubilis D6/D8/D12** und **Phytolacca D6/D12** als auf das Lymphsystem wirkende Mittel.
Hepar sulfuris D6/D8/D12: als wichtiges Eiterungsmittel bei akuten und schmerzhaften Ent-

zündungen. Eiter riecht nach altem Käse, erst dünnes und später dickeres Sekret.
Tuberculinum D200: bei Verkapselung der Lymphknoten und verkästen Knoten.

Salmonellen-Enteritis, intestinale Salmonellose

Erkrankte Tiere haben die Salmonella-Bakterien mit dem Futter oder Wasser aufgenommen und zeigen latente oder leicht fieberhafte bis schwere Allgemeininfektionen. Je nach Gesundheitszustand zum Zeitpunkt der Infektion kommt es zu Durchfall, Fieber, Septikämie und möglicherweise zu Aborten. Der Durchfall ist wässrig bis schaumig und von grauer Farbe. Bei den Lämmern ist der Durchfall sehr dünn und gelb gefärbt. Ansteckung von Mensch und Hund ist möglich!

Therapie

Basisbehandlung und Mittel bei Durchfall (siehe unter Enteritis, Diarrhoe, Seite 64).
Salmonella-enteritidis-Nosode D30/D200.
Salmonellen-Nosode D30/D200.

Coli-Enteritis und -Septikämie, Coli-Durchfall oder -Bazillose der Lämmer

Diese Darmentzündung oder **Enteritis** in den ersten Lebenswochen der Lämmer wird hervorgerufen durch verschiedene krankmachende Escherichia-coli-Typen, die besonders bei geringer Biestmilchaufnahme in den ersten zwei Tagen oder unter schlechten Haltungsbedingungen auftritt. Es kommt zu Saugunlust und Apathie, Durchfall mit Speicheln und aufgekrümmten Rücken.

Neben der **Enteritisform** kann es auch zu einer Coli-Septikämie mit Gelenkentzündung und zentralnervösen Störungen kommen. Vor allem in der Koppel- und Stallhaltung wie auch in der Frühjahrslammzeit können sich diese Erkrankungen mehren.

Therapie

Basisbehandlung und Mittel je nach der Art des Durchfalls (siehe unter Enteritis, Diarrhoe, Seite 64).
Bei **zentralnervösen Störungen** siehe unter Bornasche Krankheit Seite 41.
Escherichia-coli-Nosode D200.

Akuter Schafrotz, akut-septikämische Pasteurellose, Katarrhalfieber

Diese Erkrankung ist vor allem für Saug- und Mastlämmer gefährlich, die mit Fieber, Appetitmangel, Nasenausfluss, beschleunigter Atmung, Lungenentzündung und plötzlichen Todesfällen ohne vorherige Symptome erkranken.

Oft übersehen werden bei den älteren Tieren die Anfangsstadien der Erkrankung mit schaumigem Ausfluss, hartem Husten und Zurückbleiben der Tiere wegen der angestrengten Atmung. Daraus kann sich eine Lungenentzündung mit einer Sepsis, einer Leber- und Nierenveränderung, eine Meningitis (Hirnhautentzündung) oder Arthritis (Gelenkentzündung) entwickeln.

Die Ursache bilden Bakterien, die Pasteurellen, aber auch Viren und Mykoplasmen, die unter ungünstigen und belastenden Haltungsbedingungen die Pasteurellose auslösen können. Heilt der Schafrotz nicht vollständig aus, entwickelt sich eine chronische Form mit Abmagern und Kümmern der Tiere.

Therapie

Basisbehandlung und eine Auswahl unter den folgenden Mitteln:
Aconitum D6/D12: hochakute Entzündung im Anfangsstadium mit Fieber und Unruhe, Angst und Berührungsempfindlichkeit der Tiere. Die Ursache der Erkrankung liegt in Unterkühlung durch kalten Nord-Ost-Wind, trockene Kälte oder Wetterwechsel.

Baptisia D6: hohes Fieber und septische Infektion mit übel riechenden Absonderungen. Die Tiere sind sehr matt, es besteht starker Speichelfluss.
Belladonna D6/D8/D12: plötzlicher Beginn einer fieberhaften Entzündung, überempfindlich gegen äußere Einflüsse, große Neigung zu Erkältung und großer Durst, aber trockene Schleimhäute. Zum Höhepunkt der Erkrankung geben, wenn **Aconitum** nicht mehr wirkt.
Kalium bichromicum D6/D8/D12: bei Schleimhautentzündungen mit zähen, fadenziehenden Absonderungen. Verschlimmerung in der Kälte und morgens.
Ipecacuanha D6/D12: trockener und erstickender Husten, anfallsartig und erschöpfend, Schleimrasseln. Nach dem Husten sind die Tiere sehr erschöpft, nach kleinster Anstrengung schweratmig.
Phosphor D8/D12/D30: Schleimhaut des Nasenbereichs ist geschwollen, schmerzhafter und trockener Husten, wenig Auswurf, kurzer und mühsamer Atem, Bronchialkatarrh.
Pasteurellose-Nosode D30/D200.
Propolis D6/D12: allgemeines Mittel bei Entzündung der Atemwege, fördert die Abwehrkraft und Vitalität.
Tartarus stibiatus D6/D12: Bronchopneumonie mit wenig und festsitzendem Sekret, große Erschöpfung.
Veratrum album D6/D12/D30: Husten mit Zusammenbrechen, krampfartiger Husten mit Auswurf, extreme Trockenheit aller Schleimhäute, Schwäche und Kollapsgefahr.

Listeriose, Listerellose

Die Erreger der Listeriose kommen überall im Boden, auf den Pflanzen und in schlechter Silage vor, die durch Schmutz, Schimmel oder durch Nachgärung auffällt. Sie werden mit der Milch infizierter Tiere, mit Kot und Harn und mit Aborten übertragen und können auch durch die unbeschädigte Schleimhaut eindringen und das nächste Tier infizieren. Da die Erreger auch im Erdboden vorkommen, kann es möglicherweise zu einer Infektion auf der Weide kommen.

Die Listeriose tritt als Septikämie (Blutvergiftung) der Sauglämmer mit Durchfall und Fieber, Gehirnhautentzündung bei Mastlämmern und erwachsenen Tieren oder als eine Abortform bei Muttertieren auf. Symptome sind Apathie (Teilnahmslosigkeit) der erkrankten Tiere, gesenkte Kopfhaltung, eine Lähmung der Ohren, Verdrehen der Augen, Drehbewegungen und Krämpfe. Die neugeborenen Lämmer weisen eine erhöhte Sterblichkeit auf, und es kann bei den Muttertieren zu Euterentzündungen kommen. Meist tritt die Erkrankung während der winterlichen Stallhaltungszeit als Enzephalitis (Entzündung des Gehirns) auf, da die Silage eine Hauptinfektionsquelle für Listerien darstellt und die Haltungsbedingungen während des Winterhalbjahres oft ungünstiger sind.
Besonders Ziegen erkranken schwer an dieser Infektion. Mensch und Hund können sich anstecken.

Therapie

Basisbehandlung:
Listriose-Nosode D30 und Mittel gegen Durchfall (siehe unter Enteritis, Diarrhoe, Seite 64); oder Mittel bei zentralnervösen Störungen (siehe Virusinfektionen unter Bornasche Krankheit Seite 41).

Clostridien-Infektionen

Die Sporen von Clostridien finden sich in vielen Böden und sie können durch ihre Giftstoffe verschiedene Infektionskrankheiten hervorrufen. Wir unterscheiden zwischen Wundinfektionen und den Enterotoxämien.

Neben dem anzeigepflichtigen **Rauschbrand** oder auch dem **Wundstarrkrampf** (**Tetanus**) kann nach einer Infektion von Verletzungen das sogenannte **Wundgasödem** oder der Pararauschbrand

auftreten. Das Gewebe in der Umgebung der Verletzung schwillt hierbei sehr stark an, es kommt zu Fieber und das austretende Wundsekret kann sichtbar mit Gasblasen durchsetzt sein.

Bei Verletzungen der Geburtswege unter der Lammung und einer Infektion mit Clostridien kann es zum **Scheiden- und Gebärmutterbrand** kommen. Durch die entstehenden Toxine, die Giftstoffe der Clostridien, kommt es zu einer starken Störung des Allgemeinbefindens und innerhalb der nächsten ein bis zwei Tage zum Tod.

Da die Clostridien auch im Darm gesunder Tiere vorkommen, können sie sich dort infolge von Fütterungsfehlern stark vermehren und durch die Ausscheidung von Giftstoffen eine Enterotoxämie, eine innere Giftstoffbildung, hervorrufen.

Es entwickeln sich Krankheitsbilder wie die **Lämmerdysenterie** oder bösartige Lämmerruhr, die **Milchkrankheit** oder Milchkolik der Lämmer oder auch die **Breinnieren-Erkrankung**. Besonders häufig erkranken die gut genährten Tiere bei einer Futterration mit hohem Eiweiß- und geringem Rohfaser-Anteil, bei hoher Nährstoffaufnahme oder bei zu schneller Futterumstellung.

Eine **Therapie** dieser Clostridien-Infektionen ist schwierig, da die Krankheit sehr schnell fortschreitet und erste Anzeichen oft nicht oder zu spät erkannt werden.

Bei der Auswahl entsprechender Homöopathika ist auf die anfangs genannten Basismittel zurückzugreifen, da diese die ursächliche Infektion angehen, und es können die entsprechenden Nosoden eingesetzt werden: **Gasödem-Nosode D200** oder **Clostridium-perfringens-Nosode D200**.

Weitere Infektionskrankheiten

Mykoplasmose, ansteckende Agalaktie

Die Mykoplasmen sind zellwandlose Bakterien, die an der Entstehung verschiedener Entzündungen beteiligt sind, unter anderem an Lungen- und Gelenkentzündungen. Der ansteckende Milchmangel bei Schafen und Ziegen wird durch eine Infektion des Euters verursacht, und hier sind besonders Ziegen empfänglich. Nach anfänglicher Schwellung des Euters wird es schlaff und man kann derbe Knoten im Gewebe tasten.

Therapie

Echinacea D6/D12/D30: zur Steigerung der körpereigenen Abwehr, bei entzündlich-septischen und infektiösen Prozessen, starker Schmerzempfindung in den Gelenken und an den Gliedmaßen.
Medorrhinum D30: Tiere vermeiden jede Bewegung, heftige Schmerzen entlang der Wirbelsäule und in der Hüfte, große Unruhe und Aggressivität, viel Sekret, das grün bis gelblich ist, trockener und schmerzhafter Husten. Verbesserung der Beschwerden nachts, bei feuchtem Wetter und leichter Bewegung.
Propolis D30: zur Steigerung der Abwehrkraft und Vitalität des Tieres.
Kombinationsmittel
Traumeel LT ad us.vet. (Heel).
Echinacea compositum ad us.vet. (Heel).

Toxoplasmose

Das Schaf ist ein Zwischenwirt im Entwicklungskreislauf der Toxoplasmen, die zu den Kokzidien gehören. Die Infektionsquelle für die Erkrankung ist Katzenkot, der mit dem Futter auf der Weide oder im Stall aufgenommen wird.

Betroffen sind besonders Tiere während der Trächtigkeit und Ziegen, die auch für eine Zweitinfektion empfänglich und nicht wie Schafe nach einer ersten Ansteckung weitgehend immun gegen diese Krankheit sind.

Symptome sind erst Fieber und erschwerte Atmung, dann bei Beteiligung des Nervensystems Ataxie und Übererregung. Später werden die erkrankten Tiere matt und apathisch. Bei trächtigen Tieren kann es zu Fruchtresorptionen, Aborten, Totgeburten und Geburten lebensschwacher Lämmer kommen.

Die Krankheit ist eine Zoonose, das heißt, sie kann auch auf den Menschen übertragen werden.

Therapie

Aconitum D6/D12/D30: im Anfangsstadium gegeben, kann es die Erkrankung mildern, bei plötzlicher Erkrankung mit Unruhe und Schreckhaftigkeit, schnellem Fieberanstieg und großem Durst.
Belladonna D6/D8/D12: bei Krämpfen und Übererregung, Überempfindlichkeit. Die Tiere ziehen sich in dunkle Ecken zurück, führen heftige Bewegungen aus. Sie sind im Kopfbereich stark berührungsempfindlich und zeigen eine Pupillenerweiterung.
Conium maculatum D12/D30: Koordinationsstörungen und Schwäche. Die Tiere stehen nicht mehr auf, eine Lähmung ist von hinten nach vorne fortschreitend, Drüsenschwellung.
Cuprum metallicum D12/D30: das allgemeine Krampfmittel, bei Krämpfen mit Zittern und Lähmung.
Lathyrus sativus D30: bei Lähmung von Hals und Maul, fortschreitender Schwäche der Gliedmaßen und gesteigerten Reflexen.
Phosphor D30: allgemeiner Kräfteverfall, Schwäche und Lähmung, wirkt auf die Atemwegssymptome und verhindert eine Lungenentzündung.
Stramonium D12/D30: Schwindel und Neigung zum Fallen und Schwanken, im Liegen fällt Heben und Senken des Kopfes auf, Schüttelkrämpfe.
Strychninum D12/D30: Muskelverhärtung und Steifigkeit, Neigung bei gekrümmtem Rücken die Glieder zustrecken.
Toxoplasmose-Nosode D30/D200.

Stoffwechselstörungen

Stoffwechselstörungen können vor allem bei Tieren unter nicht optimalen Haltungsbedingungen und bei erhöhten Leistungsanforderungen auftreten, also besonders bei hochtragenden und laktierenden Schafen und Ziegen.

Die häufigsten Stoffwechselerkrankungen sind die **Trächtigkeitsketose** (Trächtigkeitsvergiftung), die **Hypokalzämie** (Kalziummangel) und die **Hypomagnesämie** (Magnesiummangel oder Weidetetanie).

Ist die Erkrankung akut, tritt meist das Symptom des Festliegens auf, während vorhergehende Stadien mit Koordinationsstörungen, Absondern von der Herde, Apathie, geringer Futteraufnahme oft nicht erkannt werden.

Alle genannten Störungen können durch eine homöopathische Begleittherapie schneller und unter Vermeidung von Folgeschäden geheilt werden.

Voraussetzung ist die Behebung der auslösenden Ursache, die Verabreichung von geeigneten Infusionen, Umstellung und Anpassung der Futterration und ein Überdenken des Düngeplans in der Grünlandwirtschaft.

Die Kombination von **Magnesium phosphoricum** und **Calcium phosphoricum** in der D30 in Form einer einmal wöchentlichen Gabe stellt eine Prophylaxe gegen die Hypokalzämie und die Hypomagnesämie dar. Im Akutfall werden diese beiden Mittel dreimal täglich für zwei bis drei Tage gegeben, um die Ausnutzung und Verwertung der zugeführten Mineralstoffe zu verbessern und den Gesundheitszustand des Tieres zu stabilisieren.
Gelsemium D12/D30 wirkt als ausgesprochenes Nervenmittel gut bei Weidetetanie durch Magnesiummangel.
Heloderma D6 und **Ailanthus glandulosa D6** können bei Problemen im Kalzium-Stoffwechsel eingesetzt werden, danach folgt die Gabe von **China D6** zur Stabilisierung des Gesundheitszustandes.

Außerdem kommen Mittel zum Einsatz, welche die **Leber-Funktion** und **Pansentätigkeit** anregen und bei Auftreten von Störungen des **Nervensystems** diese gezielt angehen.
Zur **Kreislaufstabilisierung** eignet sich **Coffea praeparata** (Schaette) oder **Cactus compositum** ad us.vet. (Heel).

Im Anschluss können Mittel gegen die damit verbundene **Schwäche** eingesetzt werden, siehe Seite 95f.

Mangelkrankheiten können bei Tieren jeder Altersklasse vorkommen und erfordern eine sorgfältige Suche nach der **Ursache** des Mangels. Oft ist nicht der absolute Mangel der Grund der Erkrankung, sondern im Stoffwechsel behindern Antagonisten, das heißt Gegenspieler, die Wirkung und Ausnutzung des Stoffes. Homöopathisch gesehen ist der Einsatz des sich im Mangel befindlichen Elementes in der homöopathischen Dosierung anzuraten, wodurch sich seine Verwertbarkeit stark verbessert.

Mangelkrankheiten

Osteomalazie, Knochenbrüchigkeit

Die Knochenbrüchigkeit entsteht durch den Mangel an **Kalzium** und/oder **Phosphat** in Verbindung mit einem **Vitamin-D-Mangel**. Bei Jungtieren kommt es zur **Rachitis**, die besonders bei Tieren in Intensivfütterung und Stallhaltung auftritt, und bei den erwachsenen Tieren zu **Osteomalazie**.

Aber auch ein Überschuss an Vitamin D ist schädlich, der möglicherweise durch die Zufütterung entsteht und in dessen Folge zu viel Kalzium aus den Knochen gezogen wird. Eine Darmentzündung oder zu eiweißreiche Fütterung können ebenfalls als Ursache der Erkrankung in Frage kommen, da sie die Verwertung des Kalziums behindern.

Bei einer homöopathischen Therapie muss sichergestellt sein, dass kein absoluter Mangel vorliegt.

Therapie

China-logoplex (Ziegler) bei ernährungsbedingten Knochenerkrankungen und Rachitis.
Osteosal 14 (Biokanol) mit Calcium carbonicum.
Vitavetsan (DHU) bei Kalk- und Phosphorstoffwechselstörungen, Knochenerweichung, Rachitis, Kalziummangel der Milchtiere und anderem.
Calcium carbonicum D12/D30, **Calcium fluoratum D12/D30**, **Calcium phosphoricum D12/D30**.
Mit Wirkung auf den Knochenstoffwechsel:
Fluoricum acidum (Acidum fluoricum, Acidum hydrofluoricum) **D12/D30**.
Phosphor D12/D30.
Silicea D12/D30.

Kupfermangel, Hypokuprämie, enzootische Ataxie

Ein Mangel an Kupfer führt in den ersten Lebenswochen der Jungtiere zu großen Störungen im Stoffwechsel. Das Nervensystem wird ebenso wie die Blutbildung gestört, es kommt zu Wollschäden, Blutarmut, Fruchtbarkeitsstörungen und Abmagerung. Die Lämmer können sich durch die Störungen im Nervensystem nicht normal fortbewegen.

Generell hat das Schaf einen sehr geringen Kupferbedarf, so dass es eher zu einer Kupfervergiftung als zu einem Mangel kommt.

Therapie

Cuprum metallicum D30/D200 (einmal täglich für einige Tage, dann für einen Monat einmal in der Woche geben).

Kobaltmangel

Durch den Mangel an Kobalt kommt es zum Ausfall der Vitamin-B_{12}-, der Cobalamin-Produktion, durch die mikrobielle Synthese im Pansen. Dadurch wiederum wird die Bildung der roten Blutkörperchen gestört, was zu Blutarmut führt.

Die Mangelsituation zeigt sich außerdem durch Appetitlosigkeit, Abmagerung, das Fressen unverdaulicher Dinge (z. B. Erde, Holz) und Ähnlichem.

Therapie

Cobaltum D30 oder **Cobaltum nitricum D30** (einmal täglich für eine Woche, dann einmal in der Woche über vier Wochen).

Eisenmangel

Da Eisen zur Bildung der roten Blutkörperchen notwendig ist, bedeutet ein Mangel die Ausbildung einer sogenannten Blutarmut, einer Eisenmangelanämie.

Fütterungsfehler in der mutterlosen Aufzucht können zu Anämien führen, doch auch lang dauernde Erkrankungen oder hohe Blutverluste kommen als Ursache in Frage. Der Mangel zeigt sich durch den körperlichen Verfall, die hohe Krankheitsanfälligkeit und die hellen Schleimhäute der Tiere.

Therapie

Ferrum metallicum D30, **Ferrum phosphoricum D30** und **Ferrum arsenicosum D30** als Katalysatoren für den Eisenstoffwechsel.
Ferrosal 17 (Biokanol) mit Ferrum metallicum und Ferrum phosphoricum.
Vitavetsan (DHU) bei Schwächezuständen.

Jodmangel

Durch einen absoluten Mangel an Jod oder bei der Aufnahme von Pflanzen mit Wirkung auf die Schilddrüse, dem Hauptorgan im Jodstoffwechsel, kann es zu Krankheitszeichen wie der Geburt lebensschwacher Lämmer, Aborten oder Frühgeburten kommen und die Tieren weisen eine vergrößerte Schilddrüse auf.

Therapie

Jodum D6/D12/D30.
Kalium jodatum D6/D12/D30.

Weißmuskelkrankheit, nutritive oder enzootische Muskeldystrophie, NMD

Diese Erkrankung wird durch den Mangel an **Vitamin E** und/oder **Selen** bei Aufnahme großer Mengen ungesättigter Fettsäuren hervorgerufen. Es kommt zu großflächigen Gewebszerstörungen in der Muskulatur und zu einer degenerativen Muskelschwäche besonders bei Tieren der schweren Rassen. Bei Einzeltieren kann es durch Verletzungen und Zerrungen in der Muskulatur zu einer sich ausbreitenden Entzündung kommen, die dann durch den Selenmangel noch gefördert wird.

Therapie

Belladonna D6/D8/D12/D30: im Anfangsstadium der fieberhaften Entzündung geben.
Bryonia D6/D12: wenn keine Verletzung sichtbar ist und kennzeichnend Schmerz, verbessert durch Druck und Liegen auf der erkrankten Seite, sowie Bedürfnis nach Ruhe vorherrschen.
Selenium D30: zur Verbesserung der Selen-Ausnutzung im Organismus.

Vitamin B-Mangel, Nekrose der Hirnrinde, Zerebrokortikalnekrose, CCN

Durch einen Mangel an Vitamin B_1 oder Vitamin B_{12} bei Mastlämmern und älteren Tieren erkrankt deren Nervensystem, wobei eine geringere Futteraufnahme, Apathie, unkoordinierte Bewegungen, Sehstörungen, Festliegen und Krämpfe auftreten. Oft tritt diese Erkrankung nach Durchfall, Darmentzündung oder Parasitenbefall auf, da dann die Vitaminsynthese durch die Pansenbakterien gestört ist.

Therapie

Barium carbonicum D12/D30, **Selenium D30** oder **Phosphor D30/D200**.

Vergiftungen

In der Schaf- und Ziegenhaltung sind vielfältige Möglichkeiten einer Vergiftung gegeben wie beispielsweise die Nitrat-Nitrit-Vergiftung, die Kalzinose oder Weidekrankheit, eine Vergiftung mit Pilzen in Futtermitteln, Vergiftungen durch Giftpflanzen oder Schwermetalle.

Therapie

Kreislauf-Unterstützung:
Crataegus logoplex (Ziegler).
Coffea praeparata (Schaette).
Entgiftung des Stoffwechsels:
Arsenicum album D6/D12/D30: schwere Entzündungserscheinungen, Schluckbeschwerden, bei Durchfall nach verdorbenem oder gefrorenem Futter, Angst und Ruhelosigkeit der Tiere bis zur Erschöpfung.
China D6/D12: zur Behandlung der Folgen von Krankheiten oder Flüssigkeitsverlust, bei Erschöpfung und Schwäche, fördert die Verdauung.
Chininum arsenicum D6/D12: allgemein bei starker Erschöpfung, Kreislaufschwäche, schmerzhaftem Abdomen, Leberfunktionsstörung.
Flor de piedra D6/D12: Anregung des Leberstoffwechsels, fördert die Ausscheidung von Giftstoffen.
Lycopodium D6/D12/D30: bei Verdauungsstörungen, die allmählich entstehen, Schwäche der Verdauung, Darmträgheit, Blähungen und bei gestörter Leberfunktion.
Nux vomica D12/D30: nach Fütterungsfehlern oder Medikamentengaben, Verstopfung begleitet von Spasmen, krampfartigen Zuständen mit großer Unruhe.
Okoubaka D6: nach verdorbenem Futter, Futterumstellung oder Vergiftung.
Solidago D6: Anregung des Harnapparates zur Entgiftung.
Sulfur D6/D12/D30: als Zwischenmittel zur Anregung der Reaktionsfähigkeit des Körpers, zur Umstimmung, Ausleitung und Entgiftung, wirkt unter anderem auf Magen-Darm-Trakt und Leber.

ERKRANKUNGEN DER AUGEN

Verletzungen am Auge

Das Auge selbst kann durch Fremdkörper, Stöße, Bisse oder Ähnliches verletzt werden. Schwere Verletzungen können zu Erblindung oder Verlust des Auges führen.

Leichtere und oberflächliche Wunden können mit Augenbädern selbst behandelt werden, um das betroffene Auge zu reinigen und/oder kleinere Fremdkörper aus dem Auge zu entfernen.

Mit Augentropfen und der oralen Gabe von ausgesuchten homöopathischen Mitteln heilen die Verletzungen rascher und problemloser ab.

Therapie

Euphrasia officinalis D6/D12: ausgesprochenes Augenmittel bei Verletzungen und Entzündungen. Sekret brennend und wund machend.
Aconitum D6/D12: gilt als „Arnica der Augen", als Anfangsmittel und nach Fremdkörperentfernung.
Arnica D6/D8: allgemeines Verletzungsmittel, fördert die Durchblutung im Bereich der Verletzung.
Hamamelis D6: bei Blutungen im Auge, wirkt auf die Gefäßwände mit Erschlaffung und folgendem Blutandrang.
Staphisagria D6/D12: bei Riss- und Schnittverletzungen der Hornhaut und Augenentzündung.
Symphytum D6/D8: wichtig bei traumatischen Augenverletzungen, besonders Schlag mit stumpfem Gegenstand.
Calendula D6: fördert die Wundheilung und stillt Schmerzen.

Kombinationsmittel

Traumeel LT ad us.vet. in Ampullenform (Heel) als Augenbad oder innerliche Gabe (oral oder s.c. Injektion).
Keratisal 6 (Biokanol) mit Belladonna und Euphrasia bei entzündlichen Augenerkrankungen.

Augenbad aus isotonischer Kochsalzlösung. Spülung aus Augentrost (10 Tropfen **Euphrasia**-/Augentrost-Tinktur auf ein Glas Kochsalzlösung).

Entzündungen des Auges

Eine Bindehautentzündung oder Konjunktivitis kann akut oder chronisch auftreten, sie kann infektiös oder nicht-infektiös oder auch allergischen Ursprungs sein. Sie ist ebenso eine mögliche Begleiterkrankung anderer Infektionskrankheiten.

Eine Infektion mit Chlamydien, auch in Verbindung mit Bakterien und Mykoplasmen, führt zur **Infektiösen Augenentzündung** (Follikuläre Keratokonjunktivitis), bei der es im Krankheitsverlauf zu einer Bindehautentzündung und Hornhautentzündung (Keratitis) mit Hornhauttrübung kommt. Es tritt eine Rötung der Bindehaut mit vermehrter Sekretbildung und Schmerzhaftigkeit auf und die Tiere sind in unterschiedlichem Maß lichtscheu.

Therapie

Aconitum D6/D12: gilt als „Arnica der Augen", Anfangsmittel bei akuter Bindehautentzündung besonders durch Zugluft und trockene Kälte. Rot entzündete Augen ohne Tränen.
Apis D12: schmerzlose Schwellung der Augenlider, hellrote Bindehäute. Möglich ist eine allergische Ursache der Entzündung, ödematöse Schwellungszustände.
Argentum nitricum D6/D8/D12: chronische Konjunktivitis, follikuläre Bindehautentzündung, infektiöse Keratitis der Jungtiere, verklebte Augen, gelblich-grünes Sekret, wenig Schmerzen, Hornhauttrübung.
Belladonna D6/D8/D12: Entzündung des gesamten Augapfels mit Rötung und Schmerzhaftigkeit durch Zugluft, gerötete Bindehaut, Lichtempfindlichkeit, hervortretende Augen.
Conium D6/D12: chronisch werdende Hornhautentzündung, auch im Anschluss an eine akute Entzündung mit zurückbleibenden Narben und Flecken, Knötchen auf den Lid-rändern und Lidern, pustulöse Bindehautentzündung und Hornhautgeschwüre.
Euphrasia D6/D12: Anfangsmittel bei wund machendem und wässrigem Tränenfluss, Juckreiz und Schmerzen, Verdickung der Lider, pustulöse Bindehautentzündung, die auf die Hornhaut übergreift, dunkelrote Bindehaut voller Gefäße, Hornhautflecken und -narben.
Hepar sulfuris D6/D8/D12: bei eitriger Bindehautentzündung, die schmerzhaft ist, krampfhaftem Lidschluss; aktiviert die Sekretion des Eiters.
Kalium bichromicum/jodatum/sulfuricum D6/D12: bei dickem und schleimigem, fadenziehendem Sekret, geringen Schmerzen bei heftiger Entzündung, bei Hornhautgeschwüren.
Mercurius solubilis D6/D8/D12: eitriger und wund machender Tränenfluss, tiefrote Bindehaut, Randgeschwüre, Hornhautentzündung, extreme Lichtscheu, geschwollene Augenlider, milchige Hornhauttrübung, Bläschen auf der Hornhaut, ausbleibende Pupillenreaktion, Entzündung der Lider und Lidzysten.
Mercurius corrosivus D6/D12/D30: tiefgreifendere und mit Geschwürbildung einhergehende Hornhautentzündung.
Pulsatilla D6/D12/D30: im weiteren Verlauf und gegen Ende der Konjunktivitis oder bei Neigung zur Chronizität, bei eitrigem und dickem, milden Ausfluss. Nur die Augen sind erkrankt, weder Husten noch Schnupfen begleitend.

Kombinationsmittel

Echinacea compositum ad us.vet. (Heel) als Immunstimulanz bei bakteriellen Infektionen und Entzündungen.
Euphorbium Injeel ad us.vet. (Heel) bei Blepharitis und Konjunktivitis mit starkem Juckreiz, eitrigem oder schleimigem Sekret.
Coenzyme compositum ad us.vet. (Heel) zur Anregung des Energiestoffwechsels bei chronischen und degenerativen Erkrankungen.

ERKRANKUNGEN DER ATEMWEGE

Bei Schafen und Ziegen kann es durch die unterschiedlichsten Ursachen zu einer Erkrankung verschiedener Bereiche der Luftwege kommen. Häufig kommt es zu einer **Entzündung** der Schleimhäute der oberen Atemwege, also zu einem Nasenkatarrh (Rhinitis), zu einem Katarrh der Kiefer- und Stirnhöhlen oder zu einer Kehlkopfentzündung (Laryngitis). Wenn die Entzündung absteigt, entwickelt sich eine Entzündung der Luftröhrenschleimhaut (Tracheitis) und eine Bronchitis, eine Entzündung der Bronchialschleimhaut. Es treten Nasenausfluss, Husten und Fieber auf. Von der Bronchitis ist es dann kein weiter Schritt zur Lungenentzündung (Pneumonie). Die Atmung des Tieres wird schmerzhaft und beschleunigt, Temperatur und Pulsfrequenz sind erhöht. Es treten Rasselgeräusche im Lungenbereich auf, wie auch Atemnot, und später kommt es zu Kreislaufstörungen. Das Allgemeinbefinden ist zunehmend gestört und auffallend werden nun Fressunlust und Schwäche. Eine schwere Komplikation kann jetzt noch eine Brustfellentzündung (Pleuritis) darstellen. Die Abgrenzung zwischen Pneumonie und Bronchitis oder Pleuritis ist schwierig und oft bestehen diese Krankheitsbilder nebeneinander. Die akute oder chronische Lungenentzündung können nicht immer voneinander unterschieden werden. Bleiben diese Atemwegserkrankungen unbehandelt oder ist die zur Ausheilung und Behandlung bemessene Zeit zu kurz, werden die erkrankten Tiere zu Dauerhustern, deren Behandlung sehr langwierig wird.

Endoparasiten wie Nasendasseln, Lungenwürmer und Magen- und Darmparasiten können ebenso wie Viren, Bakterien und andere Infektionserreger krankheitsauslösend sein. Oft sind **Viren** bei einer geschwächten Immunlage des Tieres aufgrund von Stress, ungünstigen Witterungseinflüssen oder Haltungsfehlern der Auslöser einer solchen Erkrankung, dann folgen **Bakterien** (Streptokokken, Staphylokokken, Coli-Bakterien, Pasteurellen, Chlamydien) als Sekundärinfektionserreger. Möglich ist ebenso eine Besiedlung der erkrankten Schleimhautbereiche mit **Pilzen**.

Bei Jungtieren kann es zu einer ansteckenden enzootischen Lungen-Brustfellentzündung kommen, bei der mehrere Erreger zusammenwirken. Bei der Pneumoenteritis kommt es zu Fieber mit Durchfall, dann erst treten die katarrhalischen Symptome auf, also Niesen, Nasenausfluss oder Konjunktivitis. Später treten Sekundärinfektionen mit Lungenentzündung, Fieber und Husten hinzu. Der Schafrotz wird hauptsächlich durch Bakterien verursacht und es kommt zu Lungen- und Brustfellentzündungen. Auch Chlamydien und Mykoplasmen gehören zu den Krankheitsauslösern. Oft bleiben die Frühstadien der Erkrankungen unerkannt, da die Symptome zu schwach ausgeprägt sind, und erst die Lungenentzündung macht sich für den Betreuer erkenntlich. Die Lungenadenomatose als eine chronisch fortschreitende Erkrankung der Lungen mit Metastasenbildung führt in ihrem Verlauf zu Atembeschwerden und Abmagerung. Durch die Infektion mit Herpes-Viren kommt es zu feuchtem Husten, klarem und fast wässrigen Nasenausfluss mit Mattigkeit. Erst bei einer bakteriellen Sekundärinfektion tritt Fieber auf. Dadurch wird die Erkrankung beschleunigt und führt mit einer Lungenentzündung rasch zum Tod.

Therapie

Immunsteigernde Mittel siehe Basisbehandlung bei Infektionserkrankungen.

Akute Erkrankung oder Anfangsstadium der Erkrankung

Aconitum D6/D12/D30: Anfangsmittel bei fieberhaften Erkrankungen. Plötzliches Einsetzen der Symptome. Ursache oft kalter und trockener Nord-Ost-Wind oder Zugluft, Tiere sind unruhig, ängstlich und schmerzempfindlich. Es zeigen sich feuchte und rote Bindehäute, stetiger, kurzer und trockener Husten, Verschlechterung des Allgemeinzustandes abends und nachts.
Belladonna D6/D8/D12: hochakute Entzündung von Bronchitis bis Lungenentzündung, trockene Schleimhäute. Tiere sind berührungsempfindlich bis sehr schmerzempfindlich, zeigen keuchende und stoßweise Atmung, kurzen und trockenen Husten, nachts Verschlimmerung. Ursache der Erkrankung: Hitze, Durchnässung, Anstrengung, Zugluft.
Bryonia D6/D8/D12: harter und quälender Husten, wenig oder kein Auswurf, schnelle und schmerzhafte Atmung. Tiere wollen sich nicht bewegen und haben Durst auf große Mengen kaltes Wasser. Kein richtiges Durchhusten, eventuell auch Rippenfellentzündung mit Fieber.
Coccus cacti D6/D12: bei anfallsartigem Husten, Auswurf ist zäh und fadenziehend, wird nur mit Mühe ausgehustet, Besserung durch Kälte. Auch bei chronischer Bronchitis.
Cuprum aceticum D6/D12: quälender Krampfhusten mit Würgen, Zusammenbrechen nach dem Husten, tiefe Kopfhaltung, viel Rasseln und Schleim mit Blut, Atemnot. Besserung nachts und in der Wärme.
Drosera D6/D12: anfallsartiger, trockener, heiserer und bellender Husten mit zähem Schleim, Blutbeimengung, schmerzhafter und deswegen unterbrochener Husten, besonders nachts, Fieber.
Dulcamara D6/D12: Ursache des Hustens ist Durchnässung oder Kälte, auch plötzlicher Wechsel von Wärme zu Kälte. Husten mit reichlichem Auswurf, krampfartiger und heiser, auch trockener und quälender Winterhusten oder Husten nach körperlicher Anstrengung möglich.
Ferrum phosporicum D6/D12: Mittel für das erste Stadium aller fieberhaften Erkrankungen und Entzündungen, bevor die Exsudation einsetzt. Als Mittel bei länger andauerndem Fieber, Husten mit schleimig-blutigem Auswurf, kurzem, trockenem und schmerzhaftem Husten. Bei Lungenentzündung Auswurf reinen Blutes, ausgeprägter Erschöpfungszustand.
Hedera helix D6/D12/D30: akute Entzündung der Atemwege, bei Husten nach Erkältung und feuchter Kälte, Neigung zu Erkältungen, Abmagerung trotz guten Appetits.
Hepar sulfuris D6/D8: starker Hustenreiz mit eitrigem Auswurf, kruppartiger Husten. Tiere sind übersensibel und reizbar, Verschlimmerung durch Kälte.
Hyoscyamus D6/D12: trockener Krampfhusten, besonders nach dem Hinlegen oder im Liegen, Unruhe und Ängstlichkeit des Tieres, auch chronische Form.
Ipecacuanha D6/D12: Krampfhusten mit Erstickungsgefahr, große Atemnot, grobblasiges Rasselgeräusch über der Lunge, starke Schleimhautreizung, festsitzender Schleim. Tiere stehen meist und speicheln stark, Bluthusten.
Kalium bichromicum D8/D12: zäher und vor allem fadenziehender (!) Auswurf, bei Schwellung und Ödemen bis ins Brustfell, Besserung in der Wärme. Auch als Abschlussmittel.
Kalium sulfuricum D6/D12: Husten mit auffallendem Rasseln schon vor dem Auftreten anderer Symptome, viel schwer löslicher Auswurf, dickes und gelbes Sekret, Besserung an der frischen Luft.
Rumex D6/D12/D30: bei trockenem, quälendem und unaufhörlichem Husten. Tiere sind ermattet, der Husten schmerzt. Es besteht eine große Empfindlichkeit gegen kalte Luft, Verschlimmerung in der Kälte und bei Temperaturwechsel.
Spongia D6/D12: kurze Hustenanfälle mit Pausen, trocken, rau und kruppartig. Tier kann

nicht durchhusten, Katarrh der oberen Luftwege.
Sulfur D12/D30: Zwischenmittel, bringt die Reaktion und Resorption in Gang, nicht zu Beginn der Erkrankung geben.
Sulfur jodatum D6/D8/D12: trockener und oberflächlicher Husten.
Veratrum album D6/D12: massiver und blutiger Auswurf, kollapsartiges Zusammenbrechen, krampfartige Bewegungen mit eiskaltem Körper des Tieres.

Chronische Erkrankung

Acidum formicicum D6/D12/D30: chronische Erkrankung nach Entzündung, immer wiederkehrende Symptome, große Empfindlichkeit gegen Kälte und Nässe, Tiere ermüden sehr schnell. Allgemeines Umstimmungsmittel bei erhöhter Infektanfälligkeit (Injektion ist der oralen Gabe vorzuziehen).
Ammonium carbonicum D12/D30: bei Winterkatarrh, Husten und Emphysem, Atemnot, Rasselgeräuschen, Lungenentzündung oder Lungenödem, als Kombinationsmittel mit **Belladonna** oder **Drosera**.
Ammonium jodatum D12/D30: erstickender und tiefer Husten, vor allem bei Beginn der Bewegung. Schleim ist aufgrund der großen Schwäche nicht abzuhusten, rasselnde Atmung, Schaum aus der Nase, bei Bronchitis und Lungenentzündung. Ursache und Verschlimmerung liegt oft im Ammoniakgehalt der Stallluft.
Antimonium arsenicosum D12/D30: hartnäckige Bronchitis mit Atemnot, Unruhe, grobblasigem Rasseln, viel Schleim. Auch bei Emphysem oder bei Pleuritis, besonders auf der linken Seite.
Antimonium sulfuratum aurantiacum D12/D30: harter und trockener Husten, große Schwäche, Verschlechterung in Wärme und Stall veranlasst durch den Ammoniakgehalt in der Luft, bei Lungenentzündung, viel schwer löslicher Schleim.
Arsenicum jodatum D12/D30: Erstickungsanfälle und -husten mit wund machendem Nasenausfluss, magere und unruhige, ängstliche Tiere, bei Folgen einer Pneumonie.
Eupatorium perfoliatum D12/D30: schmerzhafter Husten, auch chronische Form, mit Fieber.
Grindelia D6/D12: asthmaähnliche, chronische Bronchitis, schwer löslicher, schaumiger Schleim und pfeifende Atmung; das Tier kann im Liegen nicht atmen. Ein typisches Herbstmittel.
Kalium jodatum D12/D30: rauer und bellender Husten nach schwerer Erkältung, stagnierende Schleimhauterkrankung und wenig Sekretion, dickes und grünes Sekret. Bei subakuter Bronchitis oder in der Ausheilungsphase, bei Schwäche, chronischer Erkrankung und Lungenentzündung. Besserung in der frischen Luft und bei Bewegung, wirkt auch bei Pilzbefall der Lunge.
Mephitis putorius D12: bei heftigem und spastischem Husten, Krämpfen mit Ringen nach Luft. Tiere sind sehr nervös, Verschlimmerung besonders nachts.
Phosphor D12/D30: Stauungsbronchitis, Bronchopneumonie, große Atemnot nach kleiner Anstrengung oder Erregung, schmerzhafter Husten mit wenig, eventuell blutigem und festsitzendem Auswurf. Der Husten wird ausgelöst durch Kälte, Tiere liegen gerne auf der rechten Seite, Zittern beim Husten. Je kränker sie sind, desto stärker wird ihre Ängstlichkeit und Unruhe.
Silicea D12/D30: bei Pilzen oder Hefen im Atmungssystem. Fördert die Abstoßung von Fremdkörpern aus dem Körper, bei schlechtem Ernährungszustand und großer Neigung zu Erkältungen.
Stannum jodatum D12/D30: bei chronischer Erkrankung mit Schwäche, grobblasigen Rasselgeräuschen, gelblich-grünlichem, auch blutigem Sekret, heftigem, anfallsartigem Husten.
Sticta pulmonaria D12/D30: trockener und bellender Reizhusten von langer Krankheitsdauer. Ältere Tiere mit chronischer Bronchitis, Verschlimmerung nachts und in der Kälte.

Sulfur D12/D30: als Zwischen- und als Abschlussmittel mit in die Behandlung aufnehmen.
Tartarus emeticus (Tartarus stibiatus) D12/D30: im fortgeschrittenen Entzündungsstadium, bei schleimreichen Katarrhen, deren Sekret sich nicht löst, hohlem Husten, feinblasigem Rasseln über den erkrankten Lungenteilen. Die Tiere sind sehr schwach, können wegen der Atemnot kaum liegen, Sie neigen zu Kollaps und Untertemperatur. Es besteht die Gefahr eines Lungenödems.
Tuberkulinum D200: einmalige Gabe als Reaktionsmittel bei chronischen Formen, bei plötzlich auftretender oder chronischer Bronchitis, bei Erkrankung des Nasenraums und der Lungen sowie bei Husten mit eitrigem Auswurf.

Unterstützung von Herz und Kreislauf im Krankheitsfall

Kalium carbonicum D6, **Laurocerasus D6** und **Crataegus D6** zu gleichen Teilen.
Propolis D12/D30.
Cactus compositum ad us.vet. (Heel).

Kombinationsmittel
Bronchialis-Heel (Heel) bei trockener Bronchitis und chronischem Katarrh.
Broncho-logoplex (Ziegler) bei akuten und chronischen Atemwegserkrankungen mit schwer löslichem Schleim, spastischen Atemwegserkrankungen.
Belladonna-logoplex (Ziegler) bei Erkältungskrankheiten.
Echinacea compositum ad us.vet. (Heel) zur Steigerung der Abwehrkräfte.
Engystol ad us.vet. (Heel) bei Erkältungskrankheiten und grippalen Infekten.
Euphorbium compositum ad us.vet. (Heel) bei Entzündungen der Nasennebenhöhlen, Tubenkatarrhen.
Pulmo/Bryonia compositum PLV (PlantaVet) bei Lungenentzündung.
Vetokehl Not 5 (Mastavit) unter anderem bei Erkrankungen der Atemwege, Rhinitis und Bronchitis.
Viruvetsan (DHU) zur Steigerung der Abwehrkräfte bei Viruserkrankungen, auch als vorbeugende Gabe.
B-Vetsan (DHU) bei akuten und chronischen Erkrankungen der Atemwege.

ERKRANKUNGEN DES VERDAUUNGS-SYSTEMS

Allgemeine Erkrankungen des Verdauungsapparates

Zahnerkrankungen

Es kommen meist nur Einzeltierbehandlungen aufgrund einer Entzündung einzelner oder mehrerer Zähne, ihrer Umgebung oder bei Zahnfehlstellungen älterer Tiere vor. Möglich sind auch eingedrungene Fremdkörper im Bereich des Maules. Wichtig für eine gesunde Entwicklung der Zähne ist eine ausgewogene Ration besonders der Jungtiere und der trächtigen Tiere, damit es keine fütterungsbedingten Zahnprobleme gibt.

Therapie

Entzündungsmittel wie **Arnica D6/D8/D12**, **Bellis perennis D6**, **Calendula D6/D12**, **Phosphor D12/D30**, **Staphisagria D6/D12** oder das Kombinationsmittel **Traumeel LT** ad us.vet. (Heel).
Probleme beim **Zahnwechsel** lösen **Calcium carbonicum D12**, **Calcium fluoratum D12** oder **Calcium phosphoricum D12**.
Probleme mit **Zahnfisteln** oder **Zahngranulomen** werden dagegen mit **Acidum fluoricum (Fluoricum acidum) D6/D12**, das den Einbau von Fluor in die Zähne und damit ihre Qualität verbessert, behandelt.
Zahnfleischentzündung braucht **Kreosotum D6/D12**, wenn die Entzündung in die Tiefe geht und der Eiter nach Kreosot (Buchenholzkohlenteer) riecht.

Lämmerdiphtheroid

Diese eitrige Entzündung der Maul- und Rachenschleimhaut entsteht infolge des Lippengrindes oder nach kleinen Verletzungen der Haut besonders bei Sauglämmern. Es entwickelt sich eine bösartige Entzündung mit Geschwüren und grauen oder gelblichen Belägen, die das erkrankte Lamm vom Milchtrinken abhalten. Das Lamm magert daraufhin ab und kann sterben. Oft treten zusätzlich Husten, Atemnot oder eine Lungenentzündung auf.

Therapie

Acidum nitricum D6/D10, **Borax D6/D12**, **Calendula D6/D12**, **Echinacea D6/D12**, **Hepar sulfuris D6/D8/D12**, **Kreosotum D6/D12**, **Lachesis D8/D12**, **Mercurius corrosivus D6/D12**, **Mercurius cyanatus D6/D12**, **Mercurius solubilis D6/D12**, **Pyrogenium D8/D15**.
Kombinationsmittel
Traumeel LT ad us.vet. (Heel) für Entzündungen und Verletzungen und ihre Folgen. **Mucosa compositum** ad us.vet. (Heel) zur Anregung und Regeneration der Schleimhäute.

Aktinobazillose und -mykose, Strahlenpilzerkrankung

Meist tritt die sogenannte **Weichteil-Aktinobazillose** oder **-Aktinomykose** bei älteren Tieren auf, die im Bereich der Lippen, der Kopfhaut und der Lymphknoten durch bakterielle Erreger Granulome und Abzesse entwickeln. Dadurch wird die Futteraufnahme behindert oder es kommt bei Befall der Lungen zu Husten und Atembeschwerden.

Bei der **Knochen-Aktinomykose** wird eine örtliche Infektion eines Kieferknochens feststellbar, die zu einer Umfangsvermehrung und zu erschwerter Futteraufnahme des Tieres führt.
Seltener sind auch andere Bereiche des Kopfes oder andere Weichteile betroffen.

Therapie

Acidum fluoricum D12/D30: schlechte Heiltendenz und Geschwürbildung, Ulzeration der Haut, Knochenkaries mit ätzenden und übelriechenden Absonderungen.
Calcium fluoratum D6/D12: Erkrankung der Knochen mit Exostosen und Lymphknotenschwellung.
Calcium sulfuricum D6/D12: Eiterung und Neigung zur Fistelbildung, sich langsam entwickelnde Schwellung.
Cistus canadensis D6: Schwellung der Halslymphknoten, auch chronische Schwellung.
Echinacea D6/D12: zur Steigerung der körpereigenen Abwehr, bei schlechter Heiltendenz und Geschwüren.
Hekla lava D6/D12: Erkrankung der Knochen mit Exostosen, besonders am Kiefer, Knochennekrosen.
Hepar sulfuris D6/D8/D12: akute eitrige und schmerzhafte Entzündung, auch bei Neigung zu Eiterung. Nach Abszesseröffnung zur Ausheilung geben.
Kalium jodatum D12/D30: produktive Entzündung und Granulombildung, Schädel schwillt mit harten Knoten an, starke Schmerzen.
Mercurius bijodatus D6/D12: linksseitige Halsentzündung mit Geschwüren, Steifheit der Hals- und Nackenmuskulatur.
Mercurius solubilis D8/D12: bei akuten und chronischen Schleimhautentzündungen, Entzündung von Knochengewebe und Knochenhaut, geschwollenen Lymphdrüsen, übel riechenden Absonderungen und Eiterbildung.
Phosphor D12/D30: mit Wirkung auf Knochen und bei Osteomyelitis (Knochenmarksentzündung) des Unterkiefers und Drüsenschwellung.
Pyrogenium D15/D30: bei schlechtem Allgemeinbefinden, bei Phlegmonen. In Kombination mit **Silicea D6/D12**: bei chronischen Eiterungen, geschwollenen Lymphdrüsen, Fistelbildung. Wichtig zur Nachbehandlung.

Verengung oder Verstopfung der Speiseröhre

Vereinzelt kann durch allzu gierige Futteraufnahme oder bei der Fütterung ungenügend zerkleinerter Futtermittel eine Schlundverstopfung auftreten, die schnellstmöglich behoben werden muss, da es sonst zu einer Aufblähung des Pansens kommt.

Aber auch Abszesse, eine Vergrößerung der Lymphknoten oder der Schilddrüse können das Abschlucken erschweren oder ganz verhindern. Stellen Futterteile die Ursache der Verstopfung dar, sind diese oft von außen zu ertasten und können versuchsweise durch vorsichtige (!) Massage entfernt werden.

Therapie

Naja tripudians D6/D12: Zusammenschnürungs- und Beengungsgefühl am Hals. Kombination von **Asa foetida** in der D12 und **Nux vomica** in der D6/D12/D30.

Pansenazidose, Pansenübersäuerung

Durch Fehler in der Fütterung und eine akute Kohlenhydratüberfütterung kommt es zu einer starken Verschiebung des Säuregehaltes im Pansen. Dadurch wird die Verdauungsaktivität eingeschränkt und es kommt zu einer Eindickung des Blutes. Die Tiere erkranken leicht bis schwer, wobei es zu Krämpfen, Aussetzen der Pansentätigkeit, Lähmung und Festliegen kommen kann.

Therapie

Chamomilla D6/D12: zur Entspannung des Pansens, bei Überempfindlichkeit und Gereiztheit der Tiere.
Flor de piedra D6/D12: als Leber-Mittel. Tier weist zu langsame oder zu späte Funktionen auf, also langsames Trinken, Fressen und Aufstehen.

Lachesis D8/D12/D30: bei Lokalinfektion, septischer Entzündung mit Fieber, Apathie. Wirkt besonders bei weiblichen Tieren nach vielen Geburten.
Nux vomica D6/D12: nach Fütterungsfehlern, Wirkung auf die Leber und zur Entgiftung.
Okoubaka D6: nach Fütterungsfehlern, zur Entgiftung des Stoffwechsels.
Soja D30: nach eiweiß- und kohlenhydratreicher Fütterung zur Entgiftung des Organismus.
Kombinationsmittel
Coenzyme compositum ad us.vet. (Heel) zur Anregung der Giftabwehrmechanismen blockierter Fermentsysteme bei gestörter Drüsenfunktion und degenerativen Erkrankungen.
Carduus compositum ad us.vet. (Heel) zur Anregung des Leberstoffwechsels.
Nux vomica-Homaccord ad us.vet. (Heel) bei Funktionsstörungen im Magen-Darm-Leber-Bereich.
Spasmovetsan-N (DHU) bei allen spastischen Magen-Darm-Erkrankungen aufgrund von Fütterungsfehlern, Vermeidung von Störungen bei der Futterumstellung, bei Inappetenz.
Flor de piedra-logoplex (Ziegler) bei Verdauungsstörungen, Pansenazidose, Leberschutztherapie und anderem.
Hepar compositum PLV (PlantaVet) als Kombinationsmittel mit Wirkung auf die Leber.

Pansenalkalose

Eine eiweißreiche und kohlenhydratarme Fütterung stört das Säuren-Basen-Gleichgewicht, weil die Pansentätigkeit dadurch abnimmt und das im Überschuss produzierte Ammoniak die Leber der Tiere überfordert. Die erkrankten Tiere fressen nicht mehr, die Pansenfunktion ist vermindert und der Kot wird dünn und übel riechend. Später schwanken die betroffenen Tiere und es treten Lähmungen auf. Im Pansen selbst kann es in Folge der gestörten Pansentätigkeit zu einer **Pansenfäule** kommen.

Therapie

Anregung des Leberstoffwechsels mit beispielsweise:
Flor de piedra D6/D12, **Lycopodium D6/D12/D30**, **Nux vomica D6/D30** oder **Soja D30**.
Lachesis D15 und **Pyrogenium D8** zur Behandlung der Infektion.
Echinacea D6/D12 zur Steigerung der körpereigenen Abwehr.
Arsenicum album D6/D12/D30 bei Verdauungsstörung nach Fütterungsfehler, bei Schwäche und Kälte des Tieres, später in Erholungsphase wiederholen.
Kombinationsmittel wie bei der Pansenazidose.

Pansenblähung, Pansentympanie, Aufblähen

Zu einer übermäßigen Ansammlung von Gasen oder einer schaumigen Gärung im Pansen kann es bei der erwähnten Schlundverstopfung oder durch die Aufnahme von Luzerne, Klee, Raps, jungem Getreide, Rübenblättern, gefrorenem oder bereiftem Futter kommen. Im Verlauf der Erkrankung treten akute Kreislaufstörungen auf, die Tiere brechen in Seitenlage zu Boden und es kann zu Ausfluss von Pansenflüssigkeit aus dem Maul kommen.

Labmagenblähung, Labmagentympanie

Bei der mutterlosen Lämmeraufzucht kann es bei einer hastigen Aufnahme der Milch zusammen mit Luft im Labmagen zu einer Blähung kommen. Die Lämmer verfallen in diesem Zustand sehr schnell und bleiben in Seitenlage mit gestreckten Gliedmaßen und flacher Atmung liegen. Innerhalb von wenigen Stunden können sie sterben.

Therapie

Antimonium crudum D6/D12: bei Aufblähung nach der Futteraufnahme, Verstopfung wechselt mit Durchfall, Tiere sind reizbar und wollen sich nicht berühren lassen.
Asa foetida D6/D12: wirkt auf den Magen-Darm-Trakt, bei aufgeblähtem Bauch, Blähungen und Durchfall, übel riechende Absonderungen, Tiere wollen nicht berührt werden.
Carbo vegetabilis D6/D12: bei Verdauungsschwäche und Blähung mit Kolik. Gase oberhalb der Futterblase im Pansen, aufgetriebener Bauch, kalte Extremitäten und drohender Kollaps. Hartnäckige Erkrankung, die stetig zunimmt und immer wiederkehrt.
Chamomilla D6/D12: zur Entspannung des Pansens, bei sehr heftiger Kolik, meist mit Blähungen, besonders bei Jungtieren, starke Schmerzäußerung. Auch bei nicht so schwerer Erkrankung, besonders bei feinnerviger Konstitution einzusetzen. Schnelle Wirkung des Mittels, aber kurze Wirkungsdauer.
China D6/D12: bei großer Schwäche und Nervosität, Verdauungsschwäche mit Blähungen, Durchfall, Kolik, Verschlimmerung bei Berührung und nachts.
Colchicum D6/D12: kolikartige Blähung, Gasblase sitzt eher in Richtung Rücken, mit Gastroenteritis und Durchfall, beständiger schmerzhafter Stuhl- oder Harndrang, Kollapsneigung.
Lycopodium D6/D12/D30: als Lebermittel auch bei schwacher Verdauung und aufgeblähtem Bauch, Verstopfung, Kolik, Probleme bei Futterumstellung.
Plumbum aceticum D6/D12: die Gase sind gleichmäßig im Pansen verteilt, schaumige Gärung, rezidivierende Tympanien (gute Kombination mit **Nux vomica** und **Chamomilla**).
Soja D30: nach eiweiß- und kohlenhydratreicher Fütterung entstehende Blähung.
Kombination aus **Nux vomica D6**, **Plumbum aceticum D6** und **Carbo vegetabilis D12** zu gleichen Teilen (auch vorbeugend bei Fütterungsfehlern geben).

Kombinationsmittel
Carduus compositum ad us.vet. (Heel) bei Leberfunktionsstörung und Blähungen, Appetitlosigkeit.
Nux vomica-Homaccord ad us.vet. (Heel) bei Funktionsstörungen im Magen-Darm-Leber-Bereich und Blähungen.
Spasmovetsan-N (DHU) bei allen spastischen Erkrankungen des Magen-Darm-Kanals, bei Koliken, Verstopfungen, Durchfällen, Pansenatonie und -paresen.

Paratuberkulose, Johnesche Krankheit

Diese Erkrankung des Darmes durch krankmachende Mykobakterien verläuft langsam und bei vielen infizierten Schafen und Ziegen kommt es nicht zu einer sichtbaren Erkrankung. Erst bei dazukommender Belastung, wie Trächtigkeit oder Laktation, Wurmbefall oder Fütterungsfehler, treten unterschiedliche Symptome wie Blässe der Schleimhäute, Gewichtsabnahme bei erhaltener Fresslust und Durchfall auf. Es können Sekundärinfektionen und starke Schwäche hinzukommen, bis die Tiere nach einigen Monaten verenden.

Therapie

Bacterium-coli-Nosode D200: bei Durchfall nach Darmdysbiose.
Echinacea D6/D12: zur Steigerung der Abwehrkraft.
Propolis D6/D12: zur Steigerung der Abwehrkraft.
Senega D6/D12: bei allgemeiner Mattigkeit und katarrhalischen Symptomen der Atemwege, reichlich wässrigem Nasenausfluss, Augen starr und schielend.
Tuberculinum D200: bei Abmagerung trotz gutem Appetit, ständiger Wechsel der Symptome, plötzliches Kommen und Gehen der Beschwerden, Erkältungsneigung, geschwollene Lymphknoten am Kopf, die schmerzhaft sind, grüner Nasenausfluss.

Kombinationsmittel
Mucosa compositum ad us.vet. (Heel) zur Stimulierung/Regeneration der Schleimhäute bei Entzündungen und Fehlfunktionen.
Coenzyme compositum ad us.vet. (Heel) zur Anregung des allgemeinen Stoffwechsels.
Echinacea compositum ad us.vet. (Heel) zur Steigerung der körpereigenen Abwehrkräfte.
Veratrum Homaccord ad us.vet. (Heel) bei Gastroenteritis und Kollapszuständen.
Vetokehl Nig 5 (Mastavit) als spezifisch wirkendes Präparat zur Behandlung der Paratuberkulose und deren Folgeerkrankungen.
Vetokehl Not 5 (Mastavit) wirkt spezifisch bei allen durch Streptokokken und Staphylokokken verursachten Infektionen.

Infektionen des Verdauungssystems

Rotavirus-Lämmerdurchfall, Virusenteritis der Sauglämmer

Diese Erkrankung wird vor allem durch Viren verursacht, die eine Infektion des Darmes und der Luftwege hervorrufen. Sie befällt bevorzugt die Lämmer in der intensiven Mast, meist in einer Mischinfektion mit Bakterien. Als Symptome treten Durchfall mit Fieber und Schwäche auf.

Therapie

Engystol ad us.vet. (Heel) zur Steigerung der körpereigenen Abwehr vor allem bei Virusinfektionen.
Echinacea D6/D12: Abwehrsteigerung, Infektionsbehandlung, gut in Kombination mit anderen Mitteln.
Diphterinum-Nosode D30.
Lachesis D8 mit **Pyrogenium D15** in Kombination zur Behandlung der Infektion.
Propolis D12/D30: zur Steigerung der Abwehrfunktionen und besseren Ausheilung.

Durchfallmittel siehe unter Enteritis, Diarrhoe, Seite 64.
In **rezidivierenden Fällen** Konstitutionsmittel geben.

Bösartige Lämmerruhr, Lämmerdysenterie, Enterotoxämie Typ „Milchkolik“

Bei intensiver Koppel- oder Stallhaltung treten bei jungen Lämmern plötzliche Todesfälle auf, oder man kann eine nur sehr kurze Erkrankung mit Saugunlust und Durchfall feststellen. Verursacher sind verschiedene Clostridien-Typen, die Toxine bilden. Diese Giftstoffe dringen in die Blutbahn ein und verursachen eine Blutvergiftung. Daneben treten auch Entzündungen und Blutungen der Darmwand auf.
Besonders gegen Ende der Ablammzeit können sich diese Erkrankungen häufen und ein Großteil der infektiös bedingten Durchfälle sind durch diese Clostridien bedingt. Der Durchfall ist gelb bis braun, blutig und schaumig, der Bauch gebläht und schmerzhaft, möglicherweise stellt man Gelenkentzündungen und Koordinationsstörungen bei den erkrankten Tieren fest.

Therapie

Crotalus horridus D6/D8/D12: bei großer Schwäche, Kollapsneigung, Herzinsuffiziens, Blutungen, blutigem Durchfall, septischem Fieber.
Echinacea D6/D12: zur Steigerung der körpereigenen Abwehr bei akuten und chronischen Infektionen, bei Durchfall.
Lachesis D8/D12/D30: bei septischen Entzündungen, Kollapszuständen, blutig-schleimigem Durchfall, Kälte und Zittern des Körpers.

Lämmerruhr, Coli-Ruhr

Dieser Durchfall wird durch Escherichia-coli-Keime hervorgerufen, die den Magen-Darm-

Takt der ein bis zwei Tage alten Lämmer befallen. Die Keime bilden Giftstoffe, die den Durchfall verursachen, ohne dass im Darm Entzündungserscheinungen erkennbar sind. Der Verlauf ist meist gutartig, anfänglich finden sich Fieber und dann grüngelblicher und wässriger Durchfall mit starkem Pressreiz bei gekrümmtem Rücken.

Breinieren-Krankheit, bakterielle Enterotoxämie

Diese häufig vorkommende und verlustreiche Krankheit trifft besonders Absatz- und Mastlämmer, aber auch erwachsene Schafe und Ziegen, meist die Tiere, die am besten genährt sind. Die Erkrankung ist nur sehr kurz und bleibt oft unerkannt, die Tiere werden tot aufgefunden. Verursacher sind nicht direkt die Clostridien, sondern ihre Giftstoffe, deren Wirkung vom Darm ausgehend andere Organe wie die Nieren und Leber schädigen.
Eine Therapie ist aufgrund der nur kurzen Krankheitsdauer sehr schwierig und kann nur in der vorbeugenden Fütterung mit höherem Rohfaser-Anteil in der Ration bestehen.

Therapie

Nierenmittel wie **Berberis D6/D12**, **Cantharis D6/D12** oder **Solidago D6**.
Cantharis compositum ad us.vet. (Heel) als Begleittherapie bei Entzündung der Harnorgane.

Deutscher Bradsot, infektiösnekrotisierende Hepatitis

Die „schnelle Seuche“, durch Clostridien verursacht, trifft besonders Tiere, deren Leber durch den Befall mit Leberegeln geschädigt ist. Innerhalb weniger Stunden kommt es durch die Resorption der Toxine zum Tod der Tiere und es werden im Vorfeld kaum Krankheitszeichen festgestellt. Da die Leber eine zentrale Stelle im Stoffwechsel der Tiere einnimmt und wichtig für die Neutralisierung und Ausscheidung von Schadstoffen, für die Infektionsabwehr und Blutbildung ist, wirkt sich eine Erkrankung dieses Organs auf den ganzen Organismus aus und sollte vorrangig behandelt werden.

Therapie

Wichtig ist die Bekämpfung der Leberegel und es kann versucht werden, dies mit Leber-Mitteln unterstützend zu behandeln.
Berberis D6/D12.
Carduus marianus D6/D12.
Chelidonium D6/D12.
Flor de piedra D6/D12.
Lycopodium D6/D12/D30.
Magnesium chloratum D6/D12.
Kombination von **Nux vomica D6** mit **Phosphor D6**, Kombination (bei chronischen Störungen) von **Flor de piedra D6** einmal täglich für drei Wochen morgens und **Lycopodium D12** einmal täglich für drei Wochen abends mit **Phosphor D8** im täglichen Wechsel.
Kombinationsmittel
Carduus compositum ad us.vet. (Heel) als Leber-Kombinationsmittel.
Nux vomica-Homaccord ad us.vet. (Heel) als Leber-Kombinationsmittel.
Hepar compositum PLV (PlantaVet) bei chronischen Lebererkrankungen.
S-Vetsan (DHU) zur Regulierung der Funktionsstörung des Verdauungsapparates.

Enteritis, Diarrhoe

Eine Darmentzündung kann selbstständig oder als Begleit- oder Folgeerkrankung auftreten. Der dabei entstehende Durchfall ist nur ein Zeichen der Störung des Verdauungsapparates. Es gibt hämorrhagische, katarrhalische oder pseudomembranöse Darmentzündungen, die Tiere unterschiedlicher Altersklassen treffen können. Unbehandelt können sie durch die Verluste von Wasser, Elektrolyten und Nahrungsbestandteilen zu Austrocknung, Abmagerung, Zusammenbruch des Kreislaufs und zum Festliegen der Tiere führen.

Zusätzlich zu den oft notwendigen schulmedizinischen Mitteln verkürzen homöopathische Medikamente den Krankheitsverlauf. Mit einem gut passenden Mittel kann bei vielen Durchfallerkrankungen den Tieren allein durch Homöopathie geholfen werden. Da die homöopathischen Mittel nicht aufgrund der Unterscheidung verschiedener Erreger verabreicht werden, ist eine Differenzierung der Durchfallerkrankungen in infektiöse und nichtinfektiöse Krankheiten unwichtig und nur die Symptome, Auslöser, Modalitäten und Ähnliches sind für die Auswahl des Mittels maßgebend.

Therapie

Abies canadensis D6: nach Überfressen. Tiere haben einen aufgetriebenen Bauch und Heißhunger, zeigen angestrengte Atmung und gesteigerte Herztätigkeit und wollen liegen.
Abrotanum D6: bei Verwurmung oder Unterdrückung von Erkrankungen. Durchfall wechselt mit Verstopfung, unverdaute Futterteile im Kot, blutiger Kot, aufgetriebener Bauch, abgemagerte Tiere bei gutem Appetit. (Tiefpotenzen würden eine höhere Wirksamkeit aufzeigen.)
Acidum nitricum D6/D12: entzündliche Schleimhautveränderung, Magenschleimhautentzündung, Schwäche der Tiere mit Geräuschempfindlichkeit, Schmerzen nach Kotabsatz. Verschlimmerung der Beschwerden abends und nachts.
Aloe D6/D30: nach Arzneigaben oder nach Mangel an Bewegung. Aggressiver Durchfall grün und dünnbreiig, gallertig oder schleimig, blutig, Blähungen, nach dem Fressen lautes Kollern. Ein Dickdarm-Mittel mit Schließmuskelschwäche. Gutes Allgemeinbefinden, aber hartnäckige Erkrankung, Verbesserung des Zustandes durch Kälte.
Antimonium crudum D6/D30: nach verdorbenem oder saurem Futter, Durchfall ist wässrig und schleimig, wechselt mit Verstopfung, Abgang von Blähungen in Verbindung mit Schleimfluss aus dem After. Tiere sind aggressiv und unleidlich, lassen sich nicht anfassen.
Apis D12: Durchfall ist gelb und wässrig, Abgang bei jeder Bewegung, schaumige Tympanie, reguliert den Speichelfluss.
Arsenicum album D6/D12/D30: nach verdorbenem oder gefrorenem Futter oder Infektion, Durchfall faulig oder übel nach Aas riechend, blutig, wird in kleinen Mengen abgesetzt und ist wund machend, dabei viel Durst, Wasseraufnahme in kleinen Schlucken. Schwäche und Ruhelosigkeit, Tiere sind abgemagert, nachts Verschlimmerung der Symptome.
Barium carbonicum D6/D8: gut bei Jungtieren, die eine gespannte Bauchdecke haben, einzusetzen, bei einer subakuten Erkrankung.
Calcium carbonicum D12: als Jungtier-Mittel gut bei Milchunverträglichkeit der Lämmer, Kot abends grünlich und wässrig, tagsüber eher wie geronnene Milch, sauer riechender Durchfall und Blähungen.
Camphora D6: Kot geht spontan ohne Anstrengung ab, dabei Kollapsgefahr, plötzlicher Kräfteverlust, Kälte, Schock.
Carbo vegetabilis D6/D8/D12: Durchfall ist wässrig, blutig, übel riechend, brennend, oft mit Schleimhautfetzen vermengt, Blähungen, aufgetriebener Bauch durch Gasansammlung. Tiere stehen kaum auf und sind abgemagert, gekrümmter Rücken. Auch nach Vergiftung, Schwäche, Kollaps, kalter Körper, wie ausgetrocknet, tief liegende Augen. Auch noch für scheinbar tot geglaubte Tiere ein Mittel!
China D6/D12: bei chronisch wiederkehrenden Durchfällen. Kolik mit aufgetriebenem Bauch, Tiere sind mager, schlechte Haar- oder Wollqualität, Verschlimmerung der Symptome nachmittags oder direkt nach dem Füttern.
Chininum arsenicosum D6/D12: chronische und schwächende Durchfälle, Störung der Leber-Funktion, Kreislaufschwäche.
Colchicum autumnale D6: besonders bei Durchfällen im Herbst bei Weidegang und feucht-kal-

tem Wetter, Kot ist schleimig bis wässrig mit Blut vermischt.

Croton tiglium D6/D12: Durchfall wie „in einem Guss", sogenannte Hydrantenstühle, besonders direkt nach dem Fressen, akute Schleimhautentzündung, Besserung in der Ruhe.

Dulcamara D6/D12: Durchfall als Folge von Kälte und Nässe oder plötzlichem Wechsel von Wärme zu Kälte, wechselnde Symptome.

Ferrum phosphoricum D8/D12: als Jungtier-Mittel bei wiederkehrendem Durchfall mit unverdauten Nahrungsteilen, wechselnder Appetit, Neigung zu Infektionen und Blutarmut.

Ipecacuanha D6/D12: nach zu viel Futter. Schaumiger und blutiger Durchfall, kolikartige Schmerzen, besonders im Sommer. Verschlimmerung durch Bewegung und Temperaturextreme.

Jodum D12/D30: bei länger bestehenden Durchfällen. Tiere sind abgemagert, trotz großer Futteraufnahme, fressen gierig, sind nervös und aggressiv. Besserung durch Bewegung.

Lachesis D8/D12/D30: blutiger und schleimiger Durchfall, Blähungen, septische Entzündung.

Magnesium carbonicum D6/D12: als Jungtier-Mittel bei übel riechendem, säuerlichem, wässrigem Durchfall, grünlich und schaumig und mit kolikartigen Schmerzen, wiederkehrende Durchfälle.

Magnesium phosphoricum D6/D12: ähnlich wie **Magnesium carbonicum**, lebhafte Tiere.

Mercurius solubilis D6/D12: ruhrartiger Durchfall, säuerlich, wässrig, schleimig und blutig, wund machend, schmerzhafter Kotabsatz, übel riechender Atem. Auch chronische Form.

Natrium sulfuricum D6/D12: Lebermittel, bei Blähungen, Durchfall in großen Mengen besonders morgens, Darmgeräusche und Blähungskoliken, eventuell Wechsel mit Verstopfung. Verschlechterung bei Regenwetter.

Nux vomica D6/D12/D30: nach verdorbenem Futter, zu viel oder nicht artgerechter Fütterung, aufgetriebener Bauch, krampfartige Schmerzen. Tiere sind streitbar und jähzornig,

durstlos, kleine Kotmengen mit viel Schleim, brennend und übel riechend.
Okoubaka D6: nach verdorbenem Futter oder Futterumstellung, nach Vergiftung, mit Schwäche und verzögerter Erholung.
Phosphor D8/D30: Durchfall dünn und zum Teil schleimig, Wechsel von Inappetenz und Hunger, gutes Allgemeinbefinden. Tiere sind sehr geräuschempfindlich und nervös.
Podophyllum D6/D12: Durchfall wässrig und reichlich, sogenannter Hydrantenstuhl, übel riechend und blutig, geleeartiger Schleim, kolikartige Schmerzen, aufgetriebener Bauch und Abgeschlagenheit.
Pyrogenium D6/D8/D15/D30: bei schwerer bakterieller Infektion, Vergiftung, schlechtes Allgemeinbefinden, dünner und nach Aas riechender Durchfall, auch mit Blutbeimengung.
Silicea D6/D12: Wechsel von Durchfall und Verstopfung, länger andauernder Durchfall, Tiere sind eher ängstlich und geschwächt, großbäuchig.
Sulfur D12/D30: als Reaktions- oder Zwischenmittel, nach Vorbehandlung, bei Durchfall frühmorgens, übel riechender Durchfall. Auch bei chronischer Form.
Tabacum D6/D12: plötzlicher und wässriger Durchfall mit hochgradiger Erschöpfung, Krämpfe, aufgetriebener Bauch, eisige Kälte des Körpers. Verschlimmerung durch die geringste Bewegung und durch Kälte.
Veratrum album D6/D30: wenn **Arsenicum album** nicht hilft. Durchfall ist wässrig (Reiswasserstuhl), schleimig und blutig, nicht übel riechend, geht in Schüben ab, dadurch Entkräftung, geschwollener Bauch. Tiere werden schwach, berührungsempfindlich, starke Störung des Allgemeinbefindens bis zum Kollaps, kalte Extremitäten, bläuliche Schleimhäute.
Escherichia coli-Nosode D200.
Kombinationsmittel
Mit Wirkung auf den Verdauungsbereich:
Dysenteral (Biokanol).
Nux vomica-Homaccord ad us.vet.(Heel).
Veratrum-Homaccord ad us.vet.(Heel).
Ipeca-Multacomp (Ziegler).
Nux vomica-logoplex (Ziegler).
Okoubaka logoplex (Ziegler).
Spasmovetsan (DHU).
Zur Anregung der körpereigenen Abwehr:
Mucosa compositum ad us.vet. (Heel) zur Anregung der körpereigenen Abwehr bei Schleimhauterkrankungen und -katarrhen.
Echinacea compositum ad us.vet. (Heel) und **Coenzyme compositum** ad us.vet. (Heel) zur Regulierung des Stoffwechsels und Anregung der körpereigenen Abwehr.
Zur Stützung von Herz und Kreislauf:
Cactus compositum ad us.vet. (Heel).
Crataegus logoplex (Ziegler).

Rektumprolaps, Mastdarmvorfall

Ein Vorfall des Mastdarms kann bei verfetteten und zu kurz kupierten Lämmern und bei Tieren mit einer Erkrankung, die mit Bauchschmerzen verbunden ist, eintreten. Bei Blähungen, Darmentzündung, Verstopfung oder Harnsteinen und bei Muttertieren mit einem Vaginalprolaps oder starken Wehen ist besondere Vorsicht geboten.

Therapie

Podophyllum D6/D12: Durchfall mit Mastdarmvorfall.
Ruta graveolens D6/D12: in leichteren Fällen eines Vorfalls.
Ignatia D12/D30: bei Vorfall mit heftigen zusammenziehenden Schmerzen, bei Pansenüberfüllung, starken Blähungen. Tiere sind überempfindlich, nervös und unberechenbar.
Mercurius corrosivus D6/D12: Vorfall mit Entzündung des Enddarms und Pressreiz.
Nux vomica D6/D12: bei spastischer Verstopfung, kräftige und kurze Kontraktionen des Mastdarms.

ERKRANKUNGEN DES BEWEGUNGS-APPARATES

Moderhinke, ansteckende Klauenentzündung, bösartige Klauenseuche

Diese übertragbare Infektion ruft eine Entzündung der Klauenlederhaut hervor. Man stellt bei den betroffenen Tieren Lahmheit, gestörtes Allgemeinbefinden und eine zuerst nur oberflächliche Entzündung des Hornsaums fest. Später löst sich das Horn ab, die Zwischenklauenhaut rötet sich und mit Fortschreiten der Entzündung bildet sich Eiter. Die Futteraufnahme wird durch die Schmerzen verringert, das Immunsystem geschwächt und es treten andere Erkrankungen in Folge auf.

In der Herde ist der Verlauf der Erkrankung im Vergleich zum Sohlen- oder Zwischenklauengeschwür eher schleichend. Ursache für die Entzündung ist oft eine schlechte Qualität des Klauenhorns, bedingt durch Fütterungsfehler oder Resorptionsstörungen aufgrund von Schleimhauterkrankungen im Verdauungskanal.

Therapie

Acidum fluoricum (Fluoricum acidum, Acidum hydrofluoricum) D12/D30: bei tiefer Entzündung mit verhärteten roten Wundrändern, sehr schmerzhaft und blutend, schlechte Wundheilung und schlechtes Klauenhorn.
Apis D12/D30: bei roter und ödematöser Schwellung und Karbunkeln, die schmerzhaft sind. Besserung der Beschwerden durch Kälte, Tiere vermeiden Berührung und Druck.
Belladonna D6/D8/D12: bei akuter Entzündung, gut in Kombination mit **Myristica sebifera**. Bei starker Berührungsempfindlichkeit und Schmerzen, auf dem Höhepunkt der Krankheit einzusetzen.
Calcium fluoratum D6/D12 oder **Calcium sulfuricum D6/D12**: bei tiefen Abszessen mit großen Schmerzen, fistelnden Geschwüren mit gelber dicker Absonderung und Verhärtungen (längere Zeit geben und **Silicea D30** als Zwischengabe einschalten).
Echinacea D6/D12: zur Steigerung der körpereigenen Abwehrkraft bei Infektionen, Eiterung oder Abszessbildung, bei übel riechenden Geschwüren und Gangränen, auch bei Symptomen von Blutvergiftung.
Ginkgo biloba D6: zur Steigerung der Durchblutung in den Extremitäten und Förderung der Heilung.
Hepar sulfuris D6/D8/D30: als wichtiges Mittel bei Eiterungen. Eiter riecht nach altem Käse, erst dünnes, später dickes Sekret. Tier belastet den Fuß aufgrund der Schmerzhaftigkeit nicht mehr.
Kreosotum D12/D30: bei schon tiefgreifenderen Entzündungen, Neigung zu Gangrän, wund machende, blutige und eitrige Sekretion, übel riechende Absonderung, fauliger Geruch. Verschlimmerung durch Kälte und Ruhe.
Lachesis D8/D12/D30: bei septischen Entzündungen. Haut wird blaurot bis schwärzlich, Geschwüre, gut in Kombination mit **Myristica sebifera**.
Myristica sebifera D6/D12: bei eitriger Entzündung und Panaritium, schmerzhafter Abszess im Stadium der Reifung, eröffnet den Abszess und wird deshalb als das „homöopathische Messer" bezeichnet. Der Verlauf der Entzündung ist weniger akut als bei **Hepar sulfuris** (gut in Kombination mit **Lachesis D8**).
Mercurius solubilis D6/D12/D30: bei Entzündung mit Eiterung und Schwellung. Scharfe, grünliche und faulige Sekrete mit Blut, später schleimig-eitrig und mild, Absonderungen übel riechend, Neigung zu Geschwüren, Besserung durch Ruhe.
Nux vomica D6/D12/D30: zur Entgiftung des Organismus bei Entzündung in Kombination mit den Entzündungsmitteln geben.

Petroleum D6/D12/D30: bei empfindlicher und rissiger Haut, schnell blutend, Verschlimmerung in der Kälte und im Winter.
Pyrogenium D8/D15/D30: septischer Zustand aufgrund der Klauenerkrankung, üble riechender Eiter, große Schmerzhaftigkeit, Unruhe und Fieber. Auch bei latenter Neigung zur Eiterbildung.
Silicea D6/D12/D30: bei Neigung zu Eiterung, Abszessen und Fisteln, bei schlecht heilenden und eiternden Wunden. Fremdkörper werden aus dem Gewebe abgestoßen. Verschlimmerung in der Kälte. Am Ende der Behandlung zur Ausheilung geben.
Staphylokokken-Nosode D200: wirkt bei durch Staphylokokken hervorgerufenen Erkrankungen wie Abszessen oder Furunkeln.
Tarantula D6/D8/D30: als Zusatzmittel geben. Schmerzhafte, bläulich glänzende Hautverfärbung, weniger Eiter, aber allerschlimmste Entzündung oder bösartige Eiterung. Bei Panaritien und bei Blutvergiftung, mit Fieber und erhöhter Pulsfrequenz.
Kombinationsmittel
Traumeel LT ad us.vet. (Heel).
Tarantula N-logoplex (Ziegler) bei Panaritien, Moderhinke und Ähnlichem.
Echina S-logoplex (Ziegler) als unterstützende Therapie bei Infektionen.

Klauenlederhautentzündung, Klauenrehe

Diese Klauenerkrankung wird durch eine Stoffwechselstörung verursacht, wenn nach einer Überfütterung mit Kraftfutter oder Ähnlichem eine Pansenazidose entsteht. Dadurch geraten Giftstoffe in die Blutbahn und rufen an der Lederhaut der Klauen eine aseptische (keimfreie) Entzündung hervor. Andere Ursachen sind möglicherweise eine Prellung, Quetschung oder Überbelastung der Klauen.

Es kommt zu einer schmerzhaften Lahmheit der betroffenen Tiere, die viel liegen und sich nur ungern bewegen und an den Klauen berühren lassen.

Therapie

Aconitum D6/D12: im Anfangsstadium der Entzündung geben, besonders bei plötzlicher Erkrankung, Tiere sind unruhig und ängstlich.
Apis D12/D30: hellrote und ödematöse Schwellung am Kronrand, die sehr schmerzhaft ist.
Belladonna D6/D12/D30: bei akuter und fieberhafter Entzündung mit Rötung und Schwellung, Übergang zur Eiterung.
Calcium fluoratum D12: bei tiefem Abszess mit Schmerzen, Verhärtung und Vereiterung.
Ginkgo biloba D6: verbessert die Fließeigenschaften des Blutes, daher zur Durchblutungssteigerung an den Extremitäten, gut in **Kombination** mit **Nux vomica**, **Aconitum**, **Belladonna** oder **Sulfur**.
Nux vomica D6/D30: zur Behandlung der Futterintoxikation und des Überfressens, nach Vorbehandlung mit allopathischen Medikamenten, zur Unterstützung des Leberstoffwechsels und zur Entgiftung.
Okoubaka D6: wie **Nux vomica**.
Silicea D6/D12/D30: zur Nachbehandlung, regt als Biokatalysator den Stoffwechsel an, festigt das Bindegewebe und resorbiert fibrinöses Gewebe bei chronischen Entzündungen.
Sulfur D6/D12/D30: als Zwischenmittel, zum Entgiften, zur Anregung des Stoffwechsels und zum Abschluss der Behandlung.
Kombination von **Arnica D6** mit **Hypericum D6** bei traumatischer Ursache, Verletzung, großen Schmerzen.
Kombinationsmittel
Traumeel LT ad us.vet. (Heel).
Arnica S-logoplex (Ziegler).

Sohlengeschwür und Zwischenklauengeschwür

Zu einem akuten Geschwür in der Sohle kann es durch Verletzungen oder Überlastung des Ballenbereichs durch mangelhafte Klauenpflege kommen. Die Tiere gehen lahm und das

Geschwür kann in Richtung Ballenkrone, Ballen oder Zwischenklauenspalt fistelartig aufbrechen.

Therapie

Acidum fluoricum D12/D30: tiefe und schlecht heilende Entzündung, blutende und sehr schmerzhafte Geschwüre, verhärtete Wundränder. Wunden sind wie ausgestanzt. Einsetzen, wenn **Silicea** nicht mehr wirkt.
Anthracinum D30/D200: gut in Kombination zu nehmen. Ursache der Erkrankung ist eine septische Infektion und Entzündung. Bösartige Geschwüre, Verhärtung von Zellgewebe, faulige Absonderungen.
Echinacea D6/D12: Anregung der körpereigenen Abwehr, bei übel riechenden Geschwüren und septischen Zuständen.
Hepar sulfuris D6/D8/D12: fördert die „gesunde" Eiterbildung bei akuter und eitriger, übel riechender Entzündung, die schmerzhaft ist, auch Fieber möglich.
Kreosotum D6: Entzündung geht in die Tiefe, ätzende, übel riechende und brennende Absonderung mit Geschwürbildung.
Lachesis D8: bei akuter und fieberhafter Entzündung. Ödematöse dunkelrote bis bläuliche Randschwellung, Nekrosen, sehr schmerzhaft, weniger Eiter, Fieber und Apathie.
Silicea D30: chronische Entzündung mit dünnflüssigem Sekret. Zur Ausheilung der Geschwüre und Regeneration des Bindegewebes.

Gelenkentzündung, infektiöse Polyarthritis

Durch verschiedene bakterielle Krankheitserreger können besonders Lämmer an Gelenkentzündungen erkranken. Sehr junge Tiere im Alter von ein bis sechs Wochen zeigen eine akute Gelenkentzündung oft in Verbindung mit einer Nabel- oder Wundinfektion. Durch die entzündliche Vermehrung der Gelenkflüssigkeit verdicken sich die Gelenke, der Gang der Tiere wird steif und lahm und es kann zu Fieber kommen.

Bei ein bis sechs Monate alten Lämmern kann es durch eine Infektion mit Chlamydien zu einer Polyarthritis kommen, die akut und fieberhaft die Gelenke aller vier Extremitäten befallen kann. Es zeigen sich große Schmerzhaftigkeit und geringere Gelenkschwellung, möglicherweise verbunden mit einer Augenbindehautentzündung und Hodenentzündung. Polyarthritiden können auch in Verbindung mit Infektionskrankheiten, wie beispielsweise der septischen Pasteurellose oder einer Lungenentzündung, vorkommen.

Bei älteren Lämmern zwischen zwei und sechs Monaten kann es zu einer chronischen Entzündung durch Rotlauf-Bakterien kommen. Der Verlauf der Erkrankung ist langsamer und ohne Fieber und Gelenkverdickung. Trotzdem zeigen sich ein steifer Gang und schlechtere Entwicklung der erkrankten Lämmer, später eine völlige Steifheit, weil der Gelenkknorpel vollständig zerstört ist. Dieser Gelenkrotlauf führt zu einer vorbiegigen Stellung der Vorderfußwurzelgelenke und kann auch eine Entzündung der Herzinnenhaut oder eine Nierenentzündung mitverursachen.

Therapie

Apis D12/D30: bei akuter Arthritis. Sehr schmerzhaft, hellrote und ödematöse Schwellung, Gelenk ist heiß. Kälte verbessert.
Belladonna D6/D12: im Frühstadium geben. Bei akuter und exsudativer Entzündung mit Fieber, Rötung und schmerzhafter Schwellung. Hochgradige akute Lahmheit.
Bryonia D6/D8: akute und sehr schmerzhafte Entzündung, geschwollene Gelenke, die bei der geringsten Bewegung schmerzen.
Harpagophytum D6: Schmerzen beim Aufstehen, Verschlimmerung der Beschwerden in Kälte und Nässe.
Kalium bichromicum D6/D8/D12: bei subakuter Entzündung, geringere Schwellung und

Schmerzhaftigkeit. Zur Nachbehandlung, wenn die Schwellung nicht zurückgeht, folgt gut auf **Lachesis D8/D12**: bei fortschreitender Entzündung mit Lahmheit und Schmerzen.
Rhus toxicodendron D6/D12: schmerzhafte Gelenkentzündung, doch Bewegung verbessert.
Ruta graveolens D6/D12: bei Schäden am Periost (Knochenhaut) und Bandansatz. Bewegung verbessert, gut im Wechsel mit **Rhus toxicodendron**.

Kombinationsmittel

Discus compositum ad us.vet. (Heel).
Arnica S-logoplex (Ziegler) bei Wunden und Verletzungen von Muskulatur, Knochen und anderem.

Knochenbrüche, Frakturen

An den Gliedmaßen, den Rippen, an Becken- oder Kieferknochen kann es zu Knochenbrüchen kommen, die zum Teil übersehen werden und therapeutisch oft schlecht zu behandeln sind.

Bei einem gehäuften Vorkommen von Frakturen sollte das Vorliegen einer Osteomalazie als mögliche Ursache in Erwägung gezogen werden.

Therapie

Calcium carbonicum D12, **Calcium fluoratum D12** oder **Calcium phosphoricum D12**: unterstützen die Frakturheilung, auch zur vorbeugenden Kräftigung der Knochen und Gelenke, besonders beim passenden Konstitutionstyp.
Ruta graveolens D6/D12/D30: bei mechanischer Verletzung von Knochen und Knochenhaut, bei Bluterguss an der Knochenhaut.
Symphytum D6/D12: als „Arnika der Knochen" fördert es die Heilung des Bruches. Gut in Kombination mit einem passenden Kalzium-Salz, kräftigt Bänder und Sehnen, auch zur Rückbildung von traumatischen Exostosen, bei Schmerzhaftigkeit.
Hypericum D6/D12: als Schmerzmittel bei Frakturen und Ähnlichem.
Phosphor D12/D30: als Begleittherapie bei Knochenbrüchen.

Kombinationsmittel

Traumeel LT ad us.vet. (Heel).
Arnica S-logoplex (Ziegler).
Bryonia-logoplex (Ziegler).

Exostosen, Knochenverdickung

Durch Verletzungen, Stöße, Stürze oder Gliedmaßenfehlstellung kann es zu Verdickungen der Knochen an verschiedenen Körperteilen kommen, die entweder nur als Schönheitsfehler gelten oder durch ihre Größe mechanisch und funktionell stören und behandelt werden sollten.

Therapie

Asa foetida D6/D12: besonders auffallende Schmerzhaftigkeit der Exostose.
Calcium fluoratum D6/D8/D12: bei Erkrankungen der Knochen, Exostosen und Gelenkentzündungen und Gelenkschmerzen aufgrund von Stoffwechselstörungen.
Hekla lava D6/D12: Exostosen mit Schmerzen.
Ruta graveolens D6/D12: bei Periostitis zum Abbau der Knochenwucherung, nach Gelenkverletzung, Neigung zu Verkalkung und Wucherung am Knochen.
Symphytum D6/D12: zur Heilung und Kallusbildung im Bereich des Bewegungsapparates.

ERKRANKUNGEN DES HARNAPPARATES

Harnsteine, Urolithiasis

Besonders bei männlichen Tieren in der Mast und bei Merinoschafen können sich Harngrieß oder Harnsteine bilden, die zu einer Verletzung der Harnröhre oder zum Harnstau führen. Einfluss auf deren Bildung haben die Fütterung und der Mineralstoffgehalt in der Ration, der Hormon- und Entwicklungsstatus der Tiere, Stress oder Trinkwassermangel.

Die Erkrankung äußert sich in Schmerzhaftigkeit, Verweigerung der Futteraufnahme, Apathie, Bauchpresse und Ödemen am Unterbauch. Das Tier riecht nach Harn und nach Platzen der Harnblase zeigt sich eine kurzfristige Besserung, worauf kurz danach der Tod eintritt.

Therapie

Acidum benzoicum D6/D12: übel riechender und dunkler Urin, chronische Form mit Grieß.
Berberis D8/D12: bei subakuter oder chronischer Blasenentzündung, Nierenentzündung, Harnkonkremente, blutiger Harn, brennender Harnabsatz.
Cantharis D6/D12: bei akuter Blasenentzündung mit Harndrang, ausgeschieden werden aber nur wenige Tropfen. Viel Durst mit Abneigung gegen das Trinken und Schluckbeschwerden, blutiger Harn und Kot.
Equisetum hiemale D6/D12: bei Steindiathese und Steinkoliken, auch vorbeugend gegen eine Harnsteinbildung und Koliken, häufiger und schmerzhafter Harndrang.
Lycopodium D6/D12: bei subakuter, chronischer und immer wiederkehrender Entzündung des Harnsystems, auch Konstitutionsmittel und Umstimmungsmittel.
Pareira brava D6: fortwährender Harndrang ohne Harnabsatz, bei subakuter und chronischer Blasenentzündung bei männlichen Tieren.
Sabal serrulatum D6: gilt als der „homöopathische Katheter“, bei ständigem Harndrang.
Terebinthina D6: chronische Nierenentzündung mit Grieß und ständigem Harndrang. Besondere Wirkung auf blutende Schleimhäute, bei Nierenentzündung mit dunklen, passiven und übel riechenden Blutungen.

Kombinationsmittel

Cantharis compositum ad us.vet. (Heel).
Berberis-Homaccord ad us.vet. (Heel).

Harnblasenentzündung, Zystitis

Diese Entzündung kann entweder aufsteigend von der Harnröhre aus oder absteigend von der Niere kommen, möglicherweise auch in Verbindung mit einer Puerperalsepsis oder einer Allgemeininfektion. Die Tiere zeigen einen schmerzhaften Harnabsatz mit Nachpressen, der Harn ist blutig oder eitrig. Kommt es in Folge zu einer Nierenentzündung mit Apathie, Fieber, einer Septikämie (Blutvergiftung) oder Pyämie (Bakterien im Blut), zeigen die Tiere Anzeichen einer Kolik.

Wichtig ist die Unterscheidung der Erkrankung zu anderen Krankheiten mit ähnlichen Symptomen wie Endometritis, Vergiftung und Stoffwechselerkrankungen, da diese unterschiedlich behandelt werden müssen.

Therapie

Aconitum D6/D12/D30: im Anfangsstadium der Erkrankung, bei plötzlichem Fieber und Schmerzen im Nierenbereich, bei Unruhe und Durst, Entzündung nach trockener Kälte und Wechsel von warmen Tagen und kalten Nächten oder durch Zugluft.
Apis D12/D30: akuter und fieberhafter Zustand, sehr schmerzhaft, wenig Urin, aber häufiger Harnabsatz, Durstlosigkeit.
Arsenicum album D6/D12: akute und chroni-

sche Entzündung, wenig brennender und unwillkürlich abgehender Urin, Schwäche nach dem Urinabsatz.
Belladonna D6/D8/D12: im Stadium der Krisis geben, akuter und fieberhafter Zustand auf dem Höhepunkt, nicht so schmerzhafte Entzündung wie **Apis**, häufiges und reichlicher Urinabsatz und viel Durst, auch Blut im Urin möglich.
Berberis D6/D12: fieberhafter Zustand, hohe Schmerzhaftigkeit im Nieren- und Bauchbereich, Wechsel von Durst und Durstlosigkeit, allgemeiner schneller Symptomenwechsel, Harn abwechselnd trüb und klar.
Cantharis D6/D12: Harndrang in oft kleinen Mengen, Blut und Eiweiß im Urin, viel Durst, schmerzhafter Harnabsatz, besonders nach Kälte und Durchnässung.
Capsicum D6/D12: akute und subakute Entzündung, häufiger und schmerzhafter Harndrang.
Causticum D6/D12: chronische Blasenentzündung, trüber Urin und Harndrang.
Dulcamara D6/D12: akute oder subakute Erkrankung, Folge von Durchnässung und feuchter Kälte, trüber, schleimiger und übel reichender Harn, schmerzhafter Harnabsatz, Tiere sind unruhig.
Hamamelis D6: Blut im Harn aufgrund einer Verletzung der Harnwege durch Grieß oder Steine.
Hepar sulfuris D30: Harn mit Blut und Eiterflocken, Schmerzen bei leichtem Druck auf die Nierengegend, aber gutes Allgemeinbefinden.
Lycopodium D6/D12: chronische Form der Blasenentzündung und Nierenentzündung, viel Sediment. Nieren- und Lebermittel, auch Konstitutionsmittel.
Mercurius solubilis D8/D12: bei akuter oder subakuter Erkrankung mit Harndrang und Urin, welcher blutig oder eitrig bis schleimig ist.
Pareira brava D6: ständiger Harndrang mit Unvermögen Harn zu lassen bei kolikartigen Schmerzen. Urin dunkel, blutig, dick, schleimig bis eitrig, vor allem bei männlichen Tieren.
Petroselinum D6/D30: akute, subakute und chronische spastische Zystitis mit plötzlichem und heftigem Harndrang, besonders bei Jungtieren.
Pulsatilla D6/D12: Folge einer aufsteigenden Infektion. Harn wasserhell oder dunkel, deutliche Sedimente, Harndrang.
Rhus toxicodendron D6/D12: nach Durchnässung auftretend, besonders im Winterhalbjahr.
Sabal serrulatum D6: Harndrang ohne Harnabsatz, als Anfangsmittel.
Solidago D6: Harndrang, verzögerte Heilung, Urin dunkel und trüb, viel Sediment, Blasenentzündung und Pyelonephritis (bakteriell bedingte Nierenbeckenentzündung), regt die Diurese (Harnausscheidung) an, hochschmerzhaftes Abdomen (Bauch).
Terebinthina D6/D12: wenig Harn, Harndrang, Urin kommt nur tropfenweise, Hautveränderungen parallel auftretend.
Thuja D6/D12: blutiger Harn, der passiv austritt, chronische Entzündung des Urogenitalbereichs.
Kombination bei Fieber, Inappetenz und schlechtem Allgemeinbefinden: **Lachesis D8**, **Progenium D15** und **Echinacea D6** zu gleichen Teilen.

Kombinationsmittel

Febrisal 8 (Biokanol).
Echinacea compositum ad us.vet. (Heel).
Traumeel LT ad us.vet. (Heel).

Nierenerkrankungen

Nierenerkrankungen treten in Form von Nephritiden oder Nephrosen oft in Verbindung mit Grundleiden wie einer Puerperalsepsis, allgemeinen Pyämie, eitrigen Nabelentzündung, Harnsteinen und Harnstau oder Vergiftungen auf. Sie können auch Folgeerkrankung chronischer eitriger Entzündungen anderer Organe, wie Leber oder Lunge, sein.

Therapie

Apis D12: große Schmerzhaftigkeit der Erkrankung, auffallende Durstlosigkeit.
Belladonna D6/D12/D30: bei akuter Entzündung der Harnorgane mit ständigem Harndrang, hellem Harn und schmerzhaftem Harnabsatz.
Berberis D6/D12: bei Reizung und Entzündung der Harnwege, bei Nierenschmerzen, vor allem linksseitige Nierenkolik, Steifigkeit des Rückens und in der Nierengegend, auffallend sind die wechselhaften Symptome.
Cantharis D6/D12: heftige Abwehr des Tieres beim Berühren des Bauches, ständiger Harndrang, aber wenig Harn, blutiger Harn. Die Tiere haben Schluckbeschwerden und erscheinen nervös und ängstlich.
Phosphor D12/D30: bei Blut im Harn nach Kälteeinwirkung, übel riechender Harn, Wechsel in Farbe und Konzentration des Urins.
Solidago D6: geringer und schmerzhafter Harnabsatz, gespannte Bauchdecke und Rückenschmerzen. Es reguliert und entgiftet bei Nierenschäden.
Urtica urens D6/D12: bei Nierenbeckenentzündung, erhöht die Harnausscheidung.
Kombinationsmittel
Cantharis compositum ad us.vet. (Heel): als Begleittherapie bei Entzündungen der Harnorgane.

Hodenentzündung, Orchitis

Zu einer Entzündung der Hoden kann es durch Verletzungen wie Quetschung oder Schlag, oder durch Bakterieninfektion, wie beispielsweise bei der Brucellose, kommen.
Es zeigen sich eine starke ein- oder beidseitige Vergrößerung der Hoden und Schmerzhaftigkeit, Bewegungsunlust, steifer und breitbeiniger Gang und Fieber.

Therapie

Aconitum D6/D12/D30: bei plötzlichem Beginn der Krankheit mit Fieber und Schmerzen, bei Unruhe und Ängstlichkeit.
Arnica D6/D8: einseitige Entzündung, Ursache liegt oft in einem Trauma.
Conium maculatum D6/D8: nach Stoß harter Knoten, auch nach Quetschung.
Hamamelis D6: Bluterguss im Hoden.
Hypericum D6/D12: gut in Kombination mit **Arnica**, wirkt auf die Nervenschmerzen.
Phytolacca D6/D12: als Drüsenmittel bei Schwellung und Verhärtung.
Pulsatilla D6/D12: bei wechselnden Symptomen der Entzündung, Folge einer Quetschung.
Rhododendron D6/D12: chronische Form der Entzündung mit derber, knotiger Gewebsstruktur.
Spongia D6/D12: Schwellung und Verhärtung der Drüsen, Harndrang mit geringer Harnmenge.

ERKRANKUNGEN WÄHREND TRÄCHTIGKEIT UND GEBURT

Vorbereitung der Lammzeit

Zur Vermeidung von Komplikationen oder zur Unterstützung und Erleichterung der Lammung können homöopatische Mittel eingesetzt werden, die entweder vorbeugend allen trächtigen Tieren oder speziellen Problemgruppen oder Einzeltieren gegeben werden.
Arnica D6/D8: verringert die Gefahr von Blutungen und Infektionen, kann auch während oder kurz nach dem Lammen gegeben werden.
Caulophyllum D6/D30: wird als das „homöopathische Wehenmittel" bezeichnet, erleichtert die Lammung und beschleunigt die Geburt, gut in **Kombination** mit
Pulsatilla D6/D12: zur Geburtseinleitung, vor allem den Erstlingen geben und wenn große Lämmer erwartet werden. Caulophyllum und Pulsatilla kann man gut zusammen einige Tage vor dem Ablammtermin verabreichen, jedoch nicht in zu großem Abstand vor dem Termin, da es wehenauslösend wirken kann.
Cimicifuga D6/D12: vor allem bei älteren, ängstlichen und aufgeregten Tieren zur Beruhigung geben, bei Bedarf einige Tage vor dem Ablammtermin.

Pulsatilla D6/D12: besonders vor der ersten Lammung oder bei jungen Schafen oder Ziegen mit Wehenschwäche, verzögertem Geburtsbeginn oder einer lang andauernder Geburt bei der vorausgegangenen Lammung.
Kombination mit dem Konstitutionsmittel istempfehlenswert!
Kombinationsmittel
Caulophyllum logoplex (Ziegler).

Aborte, Verlammen

Ein Verlammen oder Abort bedeutet, dass das Lamm oder die Lämmer vor dem Ende der Trächtigkeit ausgestoßen werden. Je nach dem Zeitpunkt des Absterbens der Frucht kommt es zu einer Resorption der Embryonen oder zum Eintrocknen und nur selten gehen die Früchte mit ihren Hüllen ab. Abgestorbene Früchte können sich zersetzen und faulen, wodurch ein übel riechender Scheidenausfluss und eine Folgeerkrankung entstehen kann. Tritt das Absterben zu einem späteren Zeitpunkt der Trächtigkeit ein, kommt es zum Abort des toten Lammes oder zur Geburt lebensschwacher Lämmer.

Der Fruchttod muss nicht immer krankhaft sein, da auch eine natürliche Regulation im Hinblick auf Mehrlingsträchtigkeiten oder Fehlbildungen möglich ist.

Fütterungsfehler und daraus resultierende Stoffwechselerkrankungen sind ebenso eine mögliche Ursache, aber auch Infektionen verschiedenster Art, Stress oder Vergiftungen.

Therapie

Viburnum opulus D6: als allgemeines Krampfmittel soll es Fehlgeburten verhindern, die zum Teil in sehr frühen Trächtigkeitsstadien vorkommen.
Caulophyllum D30 oder **Secale cornutum D6**: bei drohendem Abort aufgrund einer Uterusschwäche.
Cimicifuga D6: bei Neigung zu Frühaborten in der ersten Trächtigkeitshälfte.

Vorbeuge von Aborten mit Nosoden je nach Erreger, wenn diese die Ursache des Abortes darstellen:
Chlamydien-Nosode, **Leptospirose-Nosode**, **Listeriose-Nosode** oder **Salmonellen-Nosode** in einer D200 zweimal mit zweitägigem Abstand und Wiederholung nach einem halben Jahr geben oder bei eingetretenen Aborten zweimal täglich zur Nachbehandlung.

Bei Stoffwechselproblemen können die schon beschriebenen Mittel mit Bezug auf den Verdauungsapparat, auf Leber und Niere eingesetzt werden.

Allgemein vorteilhaft ist die Gabe des jeweiligen **Konstitutionsmittels** des Tieres in einer D200 in einem Zeitraum von etwa einem Monat vor dem voraussichtlichen Ablammtermin.

Scheiden- oder Gebärmuttervorfall

Die Ursache für einen Vorfall liegt in der Erschlaffung des Stützgewebes der Beckenregion, die besonders bei älteren Tieren und zu gutem Ernährungszustand vorkommt. Auch Mehrlingsträchtigkeiten, frühere Schwergeburten, schlechte Haltungsbedingungen, Durchfall, Verletzungen und Entzündungen des Tieres sind mögliche Auslöser. Oft tritt ein **Scheidenvorfall** ein bis zwei Wochen **vor** dem Ablammtermin auf.

Ein **Uterusvorfall** kann **nach** Normal- oder Schwergeburt auftreten, meist in Verbindung mit einer Mehrlingsträchtigkeit, Wehenschwäche und Überfütterung. Durch die Atonie (Erschlaffung) des Uterus und den weitgestellten Gebärmutterhals, unterstützende Bauchpresse und Sogwirkung durch das Herausgleiten des Lammes kommt es dann zum Vorfall.

Therapie

Aletris farinosa D6: alle dreißig Minuten geben oder in lauwarmem Wasser auf den Uterus geben zur leichteren Reponierung der Gebär-

mutter. Die Tiere sind müde und schwach.
Aurum metallicum (muriaticum, foliatum) D6/D12: bei vergrößertem oder prolabiertem Uterus.
Caulophyllum D6: in lauwarmem Wasser aufgelöst und auf den vorgefallenen Uterus geben, damit er sich besser reponieren (zurücklagern) lässt; D6 oral zur Regulation des Uterustonus zur Norm.
Cimicifuga D6: bei älteren und ruhelosen Tieren mit Neigung zu Prolaps.
Heloinas dioica D6/D12: bei Schwäche und Tendenz zu Prolaps, bei Lageanomalien des Uterus und wenn das Euter geschwollen ist.
Lilium tigrum D12/D30: bei beginnendem Uterusprolaps, bei Prolaps mit anhaltendem Drang auf Blase und Darm, bei Scheidenvorfall mit umgestülpter Blase, die sich zunehmend füllt.
Pulsatilla D6/D12: bei Uterusvorfall, beschleunigt die Retraktion (das Zusammenziehen) des Uterus.
Sabina D30: hohe Potenz vermindert die Kontraktion der Uterusmuskulatur und beruhigt die Nachwehen.
Sepia D6/D12/D30: bei mangelnder Elastizität und Schwäche des Bindegewebes zur Stabilisierung der Gebärmutter, Erschlaffung und Herabhängen der Beckenorgane und bei Scheidenvorfall, besonders bei älteren Tieren Erschlaffung von Bändern und Sehnen. Verschlimmerung der Beschwerden nach der Futteraufnahme.
Silicea D12/D30: zur Nachbehandlung der Erkrankung.
Prophylaxe: Konstitutionsmittel in der D200.

Gebärmutterdrehung

Eine Drehung des Uterus kann zum einem durch die allgemein geringe Fixation der graviden (trächtigen) Gebärmutter entstehen, aber auch bei einer Einhorn-Trächtigkeit, bei sprunghaften Bewegungen kurz vor dem Ablammen oder durch Tränken mit eiskaltem Wasser. Diese Drehung kann **vor** dem Muttermund im Zeitraum vor der Geburt und direkt **im Bereich** des Muttermundes während des Lammens stattfinden. Der Geburtsvorgang schreitet nicht fort und es besteht die Gefahr einer Uterusruptur, falls nicht eine Drehung in die ursprüngliche Lage oder ein chirurgischer Eingriff stattfindet.

Therapie

Helonias dioica D30: bei Neigung zu einer Uterusverlagerung durch Schwäche oder Anämie des Tieres vorbeugende Behandlung.
Sepia D6/D12: bei schwacher Elastizität des Bindegewebes zur Stärkung des Uterus, besonders bei diesem Konstitutionstyp und älteren Tieren als vorbeugende Behandlung.

Unvollständige Öffnung des Muttermundes

Eine unvollständige Eröffnung lässt die Fruchtblasen trotz Wehen nicht in die Scheide eintreten, die Geburtsanzeichen sind normal, doch das Ablammen zeigt keine Fortschritte. Dadurch kann eine Umkehrung oder ein Vorfall des Scheidengewebes entstehen oder der Uterus reißt, die Fruchthüllen können platzen und die Lämmer absterben. Dies tritt besonders bei Mehrlingsmuttern oder bei Trächtigkeit mit großen männlichen Lämmern, bei verfetteten oder überfütterten Schafen auf.

Therapie

Arnica D6/8: nach Schwergeburt und Geburtshilfe für das Muttertier und die Lämmer.
Belladonna D6/D8/D12: bei heftigen und krampfartigen Schmerzen, krampfhaften Zuständen am Gebärmuttermund, der sich heiß anfühlt. Wehen kommen und hören plötzlich auf, ohne dass die Lammung fortschreitet, allgemeine Überempfindlichkeit der Tiere.
Caulophyllum D6: bei rigidem Muttermund und

Zittern ohne Geburtsfortschritt. Das Tier ist erschöpft und ärgerlich wie auch aggressiv gegenüber Fremden.
Chamomilla D6/D12: Uteruskrämpfe und Schmerzhaftigkeit, Kolik während des Lammens, ungeduldige und bösartige Muttertiere, die sehr empfindlich gegenüber Schmerzen sind.
Cimicifuga D6/D12/D30: bei älteren Tieren, bei ruhelosen und geschwächten Tieren, unkoordinierte Wehen bei geschlossenem Muttermund, Verkrampfung.
Gelsemium D6: niedrige Potenzen regen die Gebärmutter an, helfen bei Verkrampfung von Uterus und Zervix. Erst zeigen sich effektive Wehen, die dann ausbleiben bis hin zur Wehenschwäche, das Tier ist nervös oder schwach und apathisch.
Pulsatilla D6: durch die durchblutungssteigernde und östrogenartige Wirkung zur Erweichung der Geburtswege.
Veratrum album D6/D12: bei gleichzeitiger Kreislaufschwäche mit Kollapsneigung.

Wehenschwäche

Auf eine Wehenschwäche lassen im Gegensatz zu einer unvollständigen Öffnung der Zervix kaum erkennbare Geburtsanzeichen, keine Wehenauslösung selbst bei manueller Untersuchung, geöffneter Gebärmutterhals, jedoch nicht eintretende Früchte schließen.

Die Ursachen können in der Verfettung des Tieres, zu wenig Bewegung oder Erschöpfung unter der Geburt liegen.

Therapie

Arnica D6/D12 mit **Hypericum D6/D12** kombiniert gegen die Schmerzhaftigkeit.
Belladonna D6/D12: ältere Erstlingsmütter mit schmerzhaften und unregelmäßigen Wehen und langer Erschöpfungsphase.
Caulophyllum D6/D30: wehenauslösende Wirkung, wenn die Wehen vor Erschöpfung und Schmerzen ausfallen („homöopathisches Wehenmittel"), normalisiert unruhige Wehen, krampfartige Wehen werden gemildert, Tier ist erschöpft, ärgerlich und aggressiv.
Cimicifuga D6/D12: bei unkoordinierten Wehen und gleichzeitig noch geschlossener Zervix, besonders bei älteren Tieren, die aggressiv und nervös sind.
Gelsemium D6: Anregung der Wehentätigkeit, besonders bei übertragenen Lämmern oder bei Aussetzen der Wehen, wenn die Tiere Angst zeigen.
Nux vomica D6/D12: das Tier reagiert auf Störungen mit einer Wehenpause, Wehen mit Kot- und Harnabgang, unregelmäßige Wehen.
Pulsatilla D6/D12: verstärkt die Durchblutung des Uterus und damit die Wehen, regt schwache und unregelmäßige Wehen wieder an, bei großen Wehenpausen.
Sabina D8: fördert die Durchblutung, Wehentätigkeit und Kontraktion des Uterus.
Secale cornutum D6: lässt den Uterus sich kontrahieren, unterstützt die Wehentätigkeit, gut in Kombination mit **Sabina**.
Kombinationsmittel
Caulophyllum logoplex (Ziegler).
Sabina-logoplex (Ziegler).

Verletzung der Geburtswege

Im Bereich der Geburtswege können bei übergangener Geburt, großen Lämmern oder unsachgemäßer Geburtshilfe Verletzungen der Weichteile oder der knöchernen Anteile entstehen.

Therapie

Bellis perennis D6: bei Verwundung der Gebärmutter und Verletzung des Gebärmutterhalses, Gewebe ist geschwollen, weich und blutet leicht.
Caulophyllum D30: bei passiven Blutungen nach der Geburt mit zitternder Schwäche.

Millefolium D6: nach mechanischer Verletzung tritt eine hellrote Blutung auf.
Sabina D30: bei hartnäckigem, starkem und stoßweisem Bluten, verstärkt in der Bewegung, Verlust des Muskeltonus der Gebärmutter, Blut auch mit geronnenen Klumpen (hohe Potenz geben).
Secale cornutum D6/D12: durch Kontraktion der Kapillargefäße kann es Blutungen stoppen wie kaum ein anderes Mittel. Bei kleineren Blutungen, die nicht zu stillen sind, dunkelrotes, passiv austretendes Blut, besonders bei noch offen stehendem Muttermund, gelockertem Gewebe und erschlafften Gefäßen.
Ustilago maydis D6/D12: dunkles Blut, atonische, kraftlose Gebärmutter, Muttermund und Zervix weich und schwammig, Blutung bei der kleinsten Berührung.
Siehe auch Seite 93f.

Nachgeburtsverhalten, Retentio secundinarum

Ein Verhalten der Nachgeburt liegt vor, wenn die Plazenta in einem bestimmten Zeitraum gar nicht oder nicht vollständig abgeht. Dies kann ernsthafte Folgen haben, weil sich die Gewebsreste zersetzen und damit eine Entzündung oder Blutvergiftung verursachen können.

Ein Nachgeburtsverhalten tritt selten nach einer Normalgeburt auf, eher nach einem Abort oder einer übergangenen Geburt mit anschließender Infektion. Ebenso kann eine Futterallergie, Mangelerkrankung oder Überfütterung auslösend sein.

Da bei Schafen die Kontrolle im Zeitraum der Geburt im Allgemeinen nicht so intensiv ist und die Plazenta häufig vom Muttertier gefressen wird, ist die Möglichkeit einer verspäteten Diagnose sehr groß. Betroffene Tiere zeigen verminderte Futteraufnahme, gestörtes Allgemeinbefinden, oft noch normale Körpertemperatur. Aus der Scheide hängen Teile der Nachgeburt und es erscheint Ausfluss.

Therapie

Vorbeugung: Sabina D6 und **Arnica D6** oder auch **Secale cornutum D12** oder **Caulophyllum D6/D30**. Passendes Konstitutionsmittel wie **Pulsatilla** oder **Sepia**.

Belladonna D6/D8: im Anfangsstadium der fieberhaften Entzündung, gut in Kombination mit **Lachesis D6/D12/D30**.
Caulophyllum D6/D30: bewirkt Kontraktion des Uterus zum Abstoßen der Nachgeburt, gut in Kombination mit **Sabina D8**, auch vorbeugend geben.
Cimicifuga D6/D12: wirkt unterstützend auf den Abgang der Lochien (Wochenfluss), bei Fieber und Milchmangel nach Erregung und Kälte.
Echinacea D6/D12: zur Steigerung der körpereigenen Abwehr, bei Eiterung und Sepsis mit übel riechendem Ausfluss.
Lachesis D8/D12/D30: bei übel riechendem Ausfluss, noch gutem Allgemeinbefinden und unruhigen Tieren, plötzliches Absinken der Milchleistung vor Auftreten anderer Symptome.
Pulsatilla D6: steigert Durchblutung und Wehentätigkeit des Uterus. Ausfluss ist serös bis schleimig, gelb bis grünlich.
Sabina D6: dient zur Vorbereitung der Abnahme der Nachgeburt, da Durchblutung und Kontraktion des Uterus verstärkt werden. Gut ist die Kombination von Lachesis mit Pyrogenium und Sabina.
Secale cornutum D6: verstärkt die Kontraktion der Gebärmutter bei mangelnder Rückbildung (Kombination mit **Sabina**).
Sepia D6/D12: dient der Stabilisierung der Gebärmutter und Straffung der Bänder, wodurch die Nachgeburt besser abgehen kann. Bräunlicher Ausfluss, Urin ist trüb und rötlich.
Kombinationsmittel
Metrovetsan (DHU).
Febrisal 4 (Biokanol).
Caulophyllum-logoplex (Ziegler).
Sabina-logoplex (Ziegler).

Entzündung der Gebärmutterschleimhaut, Endometritis puerperalis

Eine Entzündung der Gebärmutterschleimhaut kann nach einem Nachgeburtsverhalten oder einer Stauung der Lochien in der Gebärmutter entstehen. Ursächlich liegt meist eine Schwäche des Bindegewebes und der Infektionsabwehr zugrunde. Nach dem Ablammen ist dann eine massive mikrobielle Besiedlung möglich, die in eine Entzündung übergeht.

Meist treten in Verbindung eine Entzündung der Schleimhaut des Zervixkanals und eine Eiteransammlung in der Gebärmutter (Pyometra) auf.

Eine chronische Entzündung heilt oft nur schwer, die erkrankten Tiere sind wegen der Infektionsgefahr von der restlichen Herde zu trennen.

Therapie

Caulophyllum D6/D30: unterstützt durch die Uteruskontraktion den Abgang der Lochien und die Rückbildung des Uterus. Bei beginnender Endometritis, auch vorbeugend nach langer Geburt, Wehenschwäche und Nachgeburtsverhalten.
Cimicifuga D6/D12: wirkt unterstützend auf den Abgang der Lochien sowie auf die Heilung.
Echinacea D6/D12: zur Steigerung der Abwehrkräfte bei Entzündungen und Infektionen in der Akutphase.
Hepar sulfuris D6/D12/D30: wichtiges Mittel bei Entzündungen mit Eiterungen und Schmerzhaftigkeit.
Pulsatilla D6: Anregung der Durchblutung und Heilung der Schleimhäute.
Sabina D8: zur Steigerung der Durchblutung des Uterus, gut in Kombination mit **Lachesis D8/D12/D30**.
Secale cornutum D6: Förderung der Kontraktion des Uterus, bei schlaffer Gebärmutter mit dunklem, blutigem Ausfluss.
Sepia D12/D30: bei chronischer Gebärmutterentzündung mit rot-braunem Ausfluss, der übelriechend und wundmachend ist, besonders bei der passenden Konstitution und schlaffem Bindegewebe. Eine gute Kombination sind hier Pulsatilla mit Sepia.

Kombinationsmittel
Metrovetsan (DHU) bei Endometritis und Gebärmuttervereiterung.
Febrisal 4 (Biokanol).
Caulophyllum-logoplex (Ziegler).
Lachesis S-logoplex (Ziegler).
Sabina-logoplex (Ziegler).

Puerperalsepsis, Puerperalintoxikation

Oft kommt es nach übergangener oder gestörter Geburt, falscher Geburtshilfe oder Nachgeburtsverhalten zu einer allgemeinen Infektion und Sepsis, wenn die ersten Krankheitszeichen nicht bemerkt und behandelt werden. Wir sehen hier die Symptome einer Allgemeininfektion, die durch konstante oder zeitweise Streuung der Krankheitserreger vom Herd der Gebärmutter in die Blutbahn entstehen. Es kommt zu Apathie, Futterverweigerung, Fieber, erschwerter Atmung, Wollausfall, Scheidenausfluss, Pansenatonie und meist auch Durchfall. Die Lämmer sind unterernährt und zurückgeblieben, da die Muttertiere keine Milch haben. Chronische Fälle sind am besten mit der Zugabe des Konstitutionsmittels zu organisch wirkenden Mitteln zu heilen.

Therapie

Anthracinum D30: bei septischen Entzündungen mit Blutungen, schwarz und dick wie Teer, übel riechend und sich schnell zersetzend.
Baptisia D6: bei hohem Fieber, Mattigkeit und Benommenheit, bei septischen Infektionen mit übel riechenden Absonderungen und Geschwüren.
Belladonna D6/D12: im Anfangsstadium einer fieberhaften Entzündung. Starke Schmerzen bei der plötzlichen Erkrankung, auf dem Höhe-

punkt der Erkrankung geben, in Kombination mit anderen Mitteln.
Cimicifuga D6/D12: wirkt unterstützend auf den Abgang der Lochien.
Caulophyllum D30: fördert die Kontraktion des Uterus, die Abstoßung der Nachgeburt und die Rückbildung des Uterus.
Echinacea D6/D12: zur Steigerung der Abwehrkräfte, bei Eiterung und Sepsis-Symptomen.
Helonias dioica D12/D30: chronisch-eitrige Entzündung. Tiere sind erschöpft und depressiv.
Hepar sulfuris D30: besonders zur Ausheilung chronischer Formen, bei verschleppten Erkrankungen, wenn Eiterung droht. Eitrig-blutiges Sekret und Schmerzen.
Hydrastis D12: als tiefgreifendes Schleimhautmittel bei chronischer Entzündung mit zähem, gelblichem und schleimigem Ausfluss.
Kalium bichromicum D6/D12: als Mittel der Entzündung der Schleimhäute gut in Kombination mit **Hydrastis**. Bei zähem und eitrigen Ausfluss.
Lachesis D8/D12/D30: Infektion der Gebärmutter bei gutem Allgemeinbefinden. Gestörte Laktation vor dem Auftreten anderer Symptome, Sepsisgefahr, nach Aas riechender und blutiger Ausfluss.
Phosphorus D12/D30: wirkt stark auf den gesamten Stoffwechsel, alle Schleimhäute und auch auf die Leber. Bei großer Berührungsempfindlichkeit, Schwäche und Kräfteverfall der Tiere, Blutungen in allen Geweben. Wirkt beruhigend und ist gleichzeitig ein Konstitutionsmittel..
Pulsatilla D6: steigert die Durchblutung und Heilungstendenz der Gebärmutter, fördert die Entleerung des Uterus, erkrankte Tiere sind auffallend durstlos.
Pyrogenium D8/D15/D30: Unruhe, Fieber und Zittern der Tiere, Blutvergiftung durch die Entzündung, schlechter Allgemeinzustand.
Sabina D6/D8: fördert die Durchblutung und Kontraktion der Gebärmutter.
Secale cornutum D6: lässt die Gebärmutter sich kontrahieren. Gute Kombination mit **Sabina**.
Sepia D6/D8/D12: Absonderungen aus dem Uterus sind schleimig bis eitrig, manchmal blutig, übel riechend. Erschlaffung und Herabhängen der Beckenorgane. Vor allem bei der passenden Konstitution und bei chronischen Entzündungen älterer Tiere.
Tarantula cubensis D6/D12/D30: bei allerschlimmsten Entzündungen und Eiterungen und bei Blutvergiftung.
Kombination in chronischen Fällen: Sepia D6 mit **Hydrastis D6** und **Helonias dioica D6**.
Kombinationsmittel
Metrovetsan (DHU).
Febrisal 4 (Biokanol).
Caulophyllum-logoplex (Ziegler).
Lachesis-logoplex (Ziegler).
Sabina-logoplex (Ziegler).

Verhaltensstörungen

Störungen bei der Geburt: Nux vomica D30/D200.
Ablehnung des Neugeborenen oder Interesselosigkeit: Cimicifuga D30/D200, **Sepia D30/D200** (Überforderung und Verwirrung), **Caulophyllum D30** (Schwäche), **Natrium muriaticum D30/D200** (fehlender Mutterinstinkt), **Asa foetida D30** (Hysterie und Unruhe), **Argentum nitricum D8** (Angst, Nervosität, Zittern), **Chamomilla D6/12** (Jungtiere, Berührungsempfindlichkeit am Euter, gut in Kombination mit Pulsatilla).
Milchhochziehen: Ignatia D30/D200 oder **Pulsatilla D30/D200**, **Chamomilla D30** (Wechsel zwischen Milchfluss und Zurückhalten der Milch, wenn die Lämmer trinken wollen).

Nabelentzündung der Lämmer, Omphalitis

Das Problem der Nabelinfektion und damit der Desinfektion des Nabels direkt nach der Geburt ist recht umstritten und sollte in Beständen mit auftretenden Entzündungen im Nabelbereich besonders beobachtet werden. In manchen

Herden dagegen mag eine Nabelinfektion nie auftreten und Schwierigkeiten verursachen.

Infolge fehlender oder unzureichender Nabeldesinfektion nach der Geburt können Bakterien in den Nabel eindringen. Dies ist vor allem gegen Ende der Ablammperiode möglich, wenn sich die Keime in den Stallungen und bevorzugten Aufenthaltsbereichen der Tiere anreichern. Erst entwickelt sich eine akute Entzündung, die dann in eine fieberhafte, eitrige Omphalophlebitis bis hin zur akuten Septikämie übergehen kann. Ist das betroffene Lamm vital und bei guter kolostraler Immunität, kann es diesen septischen Schub verkraften. Bei schlechten Bedingungen kommt es zu Gelenkentzündungen, Entzündung der serösen Häute, Herzinnenhautentzündung oder Nierenentzündung. Es finden sich im Lämmerbestand infolgedessen Kümmerer und es entstehen Todesfälle durch metastasierende Abszesse in Leber, Lunge, Gehirn oder Milz.

Therapie

Aconitum D6/D12: als erstes Mittel bei plötzlichem Krankheitsausbruch. Rascher Fieberanstieg, Tier will nicht berührt werden.
Arnica D6/D12/D30: als wichtiges Wundheilmittel gut in Kombination mit anderen Mitteln.
Belladonna D6/D8/D12: folgt **Aconitum**, wenn die Entzündung auf die Krise und die Eiterung zuläuft. Bei starken Schmerzen, Überempfindlichkeit und Fieber.
Bellis perennis D6: als Wundheilmittel bei eitriger Entzündung (auch extern anzuwenden).

Echinacea D6/D12: bei Entzündungen und Infektionen.
Hepar sulfuris D6/D8/D12: bei fortgeschrittener Eiterung zur Ableitung nach außen.
Pyrogenium D8/D15/D30: bei Entzündung und Eiterung und schlechtem Allgemeinbefinden des Lammes.
Silicea D30: als Abschlussmittel, besonders wenn nach der Eiterung eine Fistel zurückbleibt.
Escherichia-coli-Nosode oder **Streptococcus-Nosode**, beide D30: kann mit in die Mittelkombination einbezogen werden.
Kombinationsmittel
Traumeel LT ad us.vet. (Heel).
Echinacea compositum ad us.vet. (Heel).

Sonstige Lämmerkrankheiten

Bei Bluttropfen aus dem Nabel neugeborener Lämmer: **Abrotanum D6**.
Bei Gehirnschädigung nach Schwergeburt oder lang andauernder Geburt: **Gelsemium D200** oder **Opium D30**. Diese Mittel in kurzen Abständen (30 oder 60 Sekunden) geben und zusätzliche Maßnahmen der Atemanregung ergreifen in Kombination mit **Calcium carbonicum D200**.
Allgemein **zarte und schwache Lämmer**: **Silicea D30/D200**.
Wenn Lämmer nicht trinken wollen: Stramonium D200.
Allgemeines Jungtiermittel: Calcium carbonicum D30/D200.
Lebensschwäche: Ferrum metallicum oder **Ferrum phosphoricum D12/D30**.
Durchfall bei Lämmern (vorbeugende Behandlung): **Arsenicum album D6/D8** mit **Coffea D6**.
Bei mutterloser Aufzucht auftretende Milchunverträglichkeit mit Durchfall, Blähungen und gutem Appetit: **Calcium carbonicum D12/D30**.
Milchunverträglichkeit bei zarten Lämmern und wechselhaftem Appetit: **Calcium phosphoricum D12/D30**.
Nabelbruch bei Lämmern mit Bindegewebsschwäche und Konstitution von Calcium carbonicum: **Calcium carbonicum D12/D30**.
Nabelbruch bei zarten Lämmern und Konstitution von Silicea: **Silicea D12/D30**.
Einatmen von Fruchtwasser: Antimonium tartaricum D6 für 2 bis 3 Tage nach Geburt.

ERKRANKUNGEN DES EUTERS

Akute Euterentzündung, akute Mastitis

Die Mastitis ist eine Erkrankung des Milchgangsystems und des Drüsengewebes des Euters, die vor allem durch eine Infektion mit Keimen auf dem Milchweg, seltener auf dem Blutweg, verursacht wird. Begünstigt wird die Erkrankung durch Verletzungen des Euters durch die Lämmer, fehlerhafte Fütterung, schlechte Einstreu und Haltung der Tiere oder falsch eingestellte Melkmaschinen.

Die Euterentzündung kann sowohl seuchenhaft in der Herde als auch sporadisch und nur bei Einzeltieren auftreten. Es besteht ein gestörtes Allgemeinbefinden mit Fieber, ein geschwollenes und heißes Euter mit verringerter Milchproduktion und eine veränderte Konsistenz der Milch. Bei verspäteter oder ausbleibender Behandlung kommt es zu einem sogenannten Steineuter und das Gewebe wird hart und knotig.

Die Mastitis kann Todesfälle bei den Muttertieren, aber auch bei den Lämmern verursachen, die durch Zerstörung einer oder beider Euterhälften zu wenig Milch bekommen. Besonders Milchschafe, Milchziegen und ihre Kreuzungen sind von der Mastitis betroffen.

Beim Einsatz von Melkmaschinen wird die Infektion durch den Melkvorgang übertragen, aber auch die Sauglämmer tragen die Ansteckung weiter, ebenso wie kontaminierte Einstreu, wenn das veränderte Sekret einfach in die Streu abgemolken wird.

Subklinische Mastitis

Oft geht eine subklinische Euterentzündung in eine akute Form über, wenn eine Verletzung des Euters, einseitige Fütterung oder ungünstige Witterung zu der Erkrankung hinzukommen und diese wieder anfachen. Auch in der Zeit kurz nach dem Ablammen mit dem Einsetzen der Milchproduktion kann es zu einer akuten Erkrankung kommen.

Therapie

Aconitum D6/D12/D30: plötzlicher Krankheitsausbruch mit hohem Fieber, Puls ist hart und voll, beginnende Schwellung des Euters mit Wärme. Initialstadium der Erkrankung, noch nicht manifeste Mastitis und noch kein verändertes Sekret. Tiere sind nervös, ängstlich, unruhig. Krankheitsfälle oft nach kaltem, trockenem Wind. Lindert Spannung und Unruhe, wirkt besonders bei kräftigen, robusten Tieren.
Apis D12/D30: bei ödematöser Schwellung und Rötung mit Schmerzhaftigkeit. Gestaute Eutervene, mit Fieber, kein Durst, Sekret ist dickrahmig. Besonders gut bei Erstlingsmüttern und gut in Kombination mit **Belladonna**.
Arnica D6/D8/D30: bei Mastitis als Verletzungsfolge, Bluterguss, auch mit blutiger Sekretion, Berührungsangst.
Asa foetida D6: bei (sub-) akuter Mastitis ohne (!) Rötung und Schwellung, mit Schmerzhaftigkeit. Deutliche Venenzeichnung am Euter, Milch wird aufgehalten, ist wässrig, übel riechend, grünlich. Ungestörte Fresslust. Oft gleichzeitig mit eitriger Gebärmutterentzündung. In subakuten Fällen zur Steigerung der Milchproduktion.
Belladonna D6/D8/D12/D30: akute und fieberhafte Form nach der Geburt, plötzlicher Milchrückgang bei akuter roter Schwellung und Vergrößerung des Euters, Schmerzhaftigkeit. Sekret ist milchig bis wässrig und flockig, im Krisisstadium und auf dem Höhepunkt der Entzündung. Es folgt der Gabe von **Aconitum**, der Krankheitsprozess ist jetzt weiter entwickelt.
Bryonia D6/D12/D30: bei akuter Mastitis im Anfangsstadium, mit Fieber, Rötung, harter Schwellung des Euters, kein Ödem. Sekret ist wässrig. Auch bei langsamer Krankheitsent-

wicklung und in fortgeschrittenen Fällen, wenn keine Fibrosen im Euter festzustellen sind. Vermeidung jeder Bewegung aufgrund der sehr großen Schmerzhaftigkeit, Druck verbessert wie auch Liegen auf der erkrankten Seite. Viel Durst auf große Mengen Wasser.

Calcium fluoratum D12: bei Verhärtung des Euters mit Knotenbildung, kernige oder verhärtete Geschwulste. Besserung der Beschwerden in der Wärme.

Calcium sulfuricum D12: im verhärteten Euter sind strangartige Bezirke festzustellen. Sekret ist gelblich und flockig, auch blutig. Es bestehen Eiterungsprozesse und Abszesse im Euter. Wirkt tiefer als **Hepar sulfuris**.

Carbo vegetabilis D6/D12: fleckige Entzündung des Euters mit Verhärtung, erhöhte Infektanfälligkeit.

Cistus canadensis D6: bei harter Schwellung und Entzündung des Drüsengewebes. Tier ist kälteempfindlich.

Coffea D6/D12: bei Festliegen des Tieres, Pansenstillstand und trockenem Kot, blauer Verfärbung des Euters und Schmerzhaftigkeit. Zur Stärkung von Herz und Kreislauf und der körpereigenen Abwehr.

Conium maculatum D12/D30: bei subakuter und chronischer Mastitis mit steinharter Schwellung oder harten, kleineren Knoten. Besonders nach Schlag oder Verletzung und vor allem rechts. Milch ist dünn bis wässrig, außerordentliche Schmerzhaftigkeit, nicht so akut wie **Phytolacca**.

Echinacea D6/D8/D12: bei allen Mastitisformen zur Steigerung der körpereigenen Abwehr mit in die Mittelkombination geben. Bei septischen Zuständen und Infektionen mit übel riechenden Absonderungen.

Hepar sulfuris D6/D8/D12: bei akuter Mastitis mit eitrigem Sekret, beginnender Abszedierung, Schmerzhaftigkeit. Fördert die Ausscheidung des eitrigen Sekretes und die Reifung des Abszesses. Bei chronischer oder rezidivierender Mastitis mit Schwellung ohne Rötung und Knoten, nicht mehr mit Schmerzen. Sekret ist rahmiger und gelber Eiter (D30 zur Ausheilung am Ende der Behandlung geben).

Lachesis D8/D12/D30: bei akuter Mastitis mit Fieber und gutem Allgemeinbefinden. Septischer Verlauf der Entzündung, eher linksseitig, erkrankter Euterteil ist sehr schmerzhaft und bläulich verfärbt, oft mit glänzender Haut. Euter geschwollen und gerötet, bläuliche Zitzen, auch bei Folgen von Zitzenquetschung. Wichtig ist, dass die Milchleistung zurückgeht, ehe die Krankheit ausbricht.

Mercurius solubilis D8/D12: bei subakuter und chronischer, verschleppter Mastitis mit starker Schwellung und eitriger Entzündung. Auch Neigung zu Blutungen, große Schmerzhaftigkeit, Euter scheint zu spannen und zeigt großknotige Verhärtungen. Weniger Schmerzen als **Hepar sulfuris**. Tiere sind in guter Kondition, nervös, aber dominant.

Nitricum acidum (Acidum nitricum) D6/ D12: chronische Mastitis bei ungestörtem Allgemeinbefinden. Zeitweise Veränderung der Milchbeschaffenheit, Knoten im Eutergewebe.

Phellandrium D6/D12: in frühem Stadium der Mastitis anwenden. Schmerzhaftigkeit, fördert die Sekretion und Ausscheidung der Sekrete, eine gute Ergänzung zu **Phytolacca**.

Phosphor D8/D12/D30: bei subakuter und rezidivierender Mastitis. Gespanntes Euter, keine Schmerzhaftigkeit und sichtbaren Milchveränderungen, eventuell etwas Blut in der Milch. Bei Milchmangel oder Zurückhalten der Milch, bei Mastitis durch Zugluft.

Phytolacca D6/D12: bei akuter und subakuter oder chronischer Mastitis mit Schwellung und Verhärtung, die heiß und schmerzhaft ist. Das Sekret ist gelblich bis eitrig, zäh und eingedickt, kaum zu melken. Die Tiere sind unruhig und schwach, eventuell mit Fieber, Müdigkeit und Durchfall. Ursache liegt in Stauung der Milch. Tiefe Potenz zum Trockenstellen, D12 hat sich bei Mastitis bewährt!

Pyrogenium D8/D15/D30: bei akuter Euterentzündung mit septischem Verlauf. Innerhalb von zwei bis drei Stunden wird die Milch trüb,

braun und flockig, später auch übel riechend. Es besteht Inappetenz und hohes Fieber bei niedrigem Puls und umgekehrt. Die Tiere zittern, zeigen schlechtes Allgemeinbefinden, das Euter ist wenig geschwollen und schmerzhaft.
Silicea D12/D30: bei subakuter und chronischer Mastitis. Zellzahl erhöht, wenig Schmerzen, unveränderte Milch. Allgemeine Schwäche und schlechte Heiltendenz. Zur Ausheilung von Abszessen und Eiterherden, Nachbehandlung von Hefemastitiden.
Staphylokokken-Nosode D200: bei einer Staphylokokkenmastitis einmal wöchentlich in gefährdeten Beständen.
Streptokokken-Nosode D200: bei Streptokokkenmastitis einmal wöchentlich in gefährdeten Beständen.
Sulfur D8/D12/D30: als Reaktionsmittel für Mastitisfälle, die nicht heilen wollen, chronische Fälle, verringerte Milchproduktion. Das Euter ist heiß und entzündet, es bestehen knotige Verhärtungen im Gewebe. Mastitis nach vorzeitigem Versiegen der Milch.
Tuberculinum D200: bei hartem Euter mit vielen knotigen Veränderungen. Die Milch ist dünn und wässrig, die Tiere verlieren an Gewicht und sehen schlecht aus.
Urtica urens D6/D12: bei akuter Mastitis mit Ödem, das plaqueartig bis zum Damm reichen kann. Tiefe Potenzen verringern die Milchmenge, hohe Potenzen regen sie an und bauen Ödeme ab: Biphasigkeit des Mittels!

Kombinationen:

S.S.C. als **Sulfur**, **Silicea** und **Carbo vegetabilis** (alle D30): bei akuten und chronischen Euterentzündungen, großen Klumpen in der Milch, gelblicher Färbung, besonders im Vorgemelk.
B.B.U. als **Belladonna**, **Bryonia** mit **Urtica urens** (alle D30): bei akuter Mastitis.
Bryonia D6 mit **Phelandrium D6** und **Phytolacca D6**: bei akuter Mastitis und gutem Allgemeinbefinden.
Lachesis D8 mit **Pyrogenium D15** und **Echinacea D6**: als zusätzliche Kombination, wenn sich das Allgemeinbefinden verschlechtert.
Mercurius solubilis D12 mit **Phytolacca D12** und **Sulfur D12**: bei verschleppter und unbehandelter Mastitis.
Silicea D30, **Phosphor D30** und die **Streptokokken-** und **Staphylokokken-Nosoden** in D200: Ebenso mögliche Kombination bei chronischer Mastitis.

Kombinationsmittel

Laseptal (DHU).
Lactovetsan (DHU).
Echinacea compositum ad us.vet.(Heel).
Lachesis compositum N ad us.vet. (Heel).
Pyrogenium compositum (Schaette).
Pyrogenium compositum N PLV (PlantaVet).
Febrisal 4 (Biokanol).
Lachesis/Argentum compositum PLV (PlantaVet).
Phytolacca-logoplex (Ziegler).
Sangostyptal 16 (Biokanol).

Prophylaktische Behandlungsmöglichkeit

Einmal wöchentlich **Carduus compositum** ad us.vet. (Heel) und **Coenzyme compositum** ad us.vet. (Heel).
Oder **Traumeel LT** ad us.vet. (Heel) am ersten Tag nach dem Lammen, **Lachesis compositum N** ad us.vet. (Heel) eine Woche nach dem Lammen und **Carduus compositum** ad us.vet. (Heel) zwei Wochen nach dem Lammen.

Bei Milchmangel nach der Geburt

Kombination von **Calcium carbonicum D12/D30**, **Pulsatilla D4/D6/D30**, **Phytolacca D6/D12 (hohe Potenzen)** und **Urtica urens D6 (tiefe Potenzen)**.
Kombination von **Galega D6** mit **Phytolacca D6**, **Urtica urens D6**, **Asa foetida D6** und **Pulsatilla D6**.
Agnus castus D6: bei abnehmender Milchmenge oder bei Milchmangel nach zwei bis drei Wochen, Muttertier häufig schlapp und müde.

Zum Trockenstellen

Phytolacca D30 (hohe Potenzen) mit **Urtica urens D30 (hohe Potenzen)** und **Conium D12**.
Salvia officinalis D6: bei überschießender Milchproduktion.

ERKRANKUNGEN DER HAUT

Ektoparasiten

Der Befall mit Ektoparasiten führt bei Schafen und Ziegen zu Juckreiz, Kratzen und Scheuern. Es folgen Dermatitiden, also Hautentzündungen, und Ekzeme. Später kann es zu Sekundärinfektionen mit Eitererregern kommen oder zu Blutarmut und Leistungsabfall. Ektoparasiten können Zecken, Milben verschiedenster Art, Läuse und Haarlinge sowie Mücken, Bremsen, Fliegen und Lausfliegen sein.

Bei der Ziege kann ein Befall mit Haarbalgmilben zur **Demodikose** führen.

Nach einer chemischen Behandlung ist es wichtig, die Giftstoffe wieder auszuleiten, indem man dem Tier für einige Tage ausgesuchte Leber- oder Nierenmittel verabreicht und **Sulfur D12/D30** gibt.

Therapie

Causticum Hahnemanni D6/D12/D30: bei trockenen Hautausschlägen. Besserung durch Feuchte und Wärme.
Graphites D15/D30: hat viele Hautprobleme im Arzneimittelbild, man achte auf den Konstitutionstyp, vergrößerte Lymphdrüsen.
Ledum D6/D12: als Vorbeugung gegen Läuse und Flöhe, auch zur Behandlung von Folgeinfektionen.

Psorinum D30: zur allgemeinen Hautsanierung und Umstimmung. Folge von Milben- und Läusebefall, bestes Räudemittel, Verschlimmerung im Winter (einmalige Gabe, Wiederholung nach fünf Tagen).
Sarsaparilla D6/D8: bei Hautveränderung mit Juckreiz.
Silicea D30: bei Kümmerlingen zur Stabilisierung des Gesundheitszustandes.
Sulfur D6/D12/D30: wie **Psorinum** ein Haut- wie auch allgemeines Umstimmungsmittel. Wirkt auf den Leberstoffwechsel und damit auf die Haut und als vorbeugende Verabreichung gegen Läuse und Flöhe.

Mittel bei Insektenstichen

Apis D12: hellrotes Ödem an der Stichstelle.
Hypericum D6/D12: zur Schmerzlinderung.
Ledum D6/D12: Schwellung nach den Stichen ist derb, dunkelrot oder blaurot, schmerzhaft.
Staphisagria D6/D12: Rötung und Entzündung mit Schwellung nach den Stichen.

Kombinationsmittel

Sulfur-logoplex (Ziegler).
Derma-logoplex (Ziegler).

Hautpilze, Dermatomykosen

Pilzerkrankungen sind bei Schaf und Ziege eher selten und betreffen Einzeltiere. Unter Stress und schlechten Haltungsbedingungen können Mykosen bei einem geschädigten Hautmilieu ausbrechen und wie Ektoparasiten das Allgemeinbefinden der Tiere und ihre Leistung beeinträchtigen. Vereinzelt kann es durch Trichophyten bei Ziegen zum Ausbruch der **Glatzflechte** kommen, der sogenannten **Trichophytie**. Die Behandlung auf homöopathischem Weg basiert auf der Verbesserung des Hautmilieus und des gesamten Stoffwechsels und begleitet die Maßnahmen zur Verbesserung der Haltungsbedingungen.

Die Ansteckung des Menschen mit Pilzen ist möglich.

Therapie

Arsenicum album D12/D30: bei Haarausfall, Haarbruch, Schuppen und fettigem Fell mit schlechtem Geruch. Große Schwäche und Müdigkeit mit Ruhelosigkeit und Abmagerung.
Calcium carbonicum D12/D30: besonders bei Jungtieren mit Hautproblemen, bei Entwicklungsstörungen, langsamen und müden Temperament.
Echinacea D6/D12/D30: zur Steigerung der körpereigenen Abwehr und zur Entzündungsbehandlung. Gut in Kombination mit anderen Mitteln.
Lycopodium D12/D30: als Lebermittel zur Entgiftung und Drainage, bei sich allmählich entwickelnden Beschwerden und geschwächten Funktionen.
Natrium chloratum D12/D30: aufgrund von Blutmangel schlechte Hauternährung und geringe Ausscheidung von Stoffwechselprodukten durch die Haut, bei Ekzemen und schlechtem Wollzustand.
Silicea D12/D30: greift tief in den Organismus ein, zur Ausheilung, bei schlechter Heilung von Hautverletzungen und bei rauem und trockenem Fell/Wolle, bei Juckreiz.
Sulfur D6/D12/D30: wirkt auf Haut und Schleimhaut und besonders in chronischen Fällen. Als wichtiges Reaktions- und Zwischenmittel, entgiftet den Organismus.
Nosoden: werden eingesetzt in Kombination mit Drainagemitteln zur **Entgiftung** des Organismus, wie beispielsweise **Nux vomica**, **Carduus marianus**, **Solidago**.
Bacillinum-Nosode D200: als Reaktionsmittel, bei Ekzemen, Mykosen und Ähnlichem.
Mikrosporie-Nosode D30/D200.
Psorinum D30: als Anfangsmittel, saniert das Terrain. Bei mangelnder Vitalität und üblem Geruch des Tieres, bei endogenen Hautbelastungen, Neigung zu allergischen oder parasitär bedingten Hauterkrankungen mit schlechter Heiltendenz, bei chronischen Mykosen.
Trichophytie-Nosode D30/D200.

Kombinationsmittel
Derma-logoplex (Ziegler).
Vetokehl Ver D5 und **Vetokehl Trich D5** (Mastavit) bei Mykosen und Trichophytie.

Regenfäule

Nach einer langen Schlechtwetterperiode mit viel Regen kann es bei Schafen zu Schäden im Vlies und an der Haut in der Rückenpartie kommen, wenn es zwischenzeitlich keine Möglichkeit zum Austrocknen gibt. Die durch die Witterung geschädigte Haut wird durch Bakterien weiter angegriffen, so dass sich Ekzeme mit Krusten und Schorfen bilden.

Therapie

Calendula D6: zur Förderung der Wundheilung, auch bei empfindlicher Haut.
Echinacea D6/D12: steigert die Abwehrkraft und Heiltendenz im Körper.
Kombinationsmittel
Traumeel LT ad us.vet. (Heel).
Echinacea compositum ad us.vet. (Heel).
Derma-logoplex (Ziegler).

ENDOPARASITENBEFALL

Verschiedene Endoparasiten wie Kokzidien, Magen-Darm-Rundwürmer oder Bandwürmer können Schafe und Ziegen jeder Altersklasse besiedeln und bei Überhandnehmen ihre Wirte so schädigen, dass Leistungseinbußen, schlechtes Allgemeinbefinden und schwere Erkrankungen bis hin zu Todesfällen eintreten. Mit homöopathischen Mitteln kann versucht werden, das Milieu im Tier zu stärken und zu verändern, dass die Besiedelung mit Endoparasiten nicht zu stark wird und das Tier nicht geschädigt wird. Im Akutfall einer Verwurmung muss mit chemischen Wurmmitteln behandelt werden. Im Anschluss daran sollte aber das Darmmilieu saniert werden, indem man EM®(Effektive Mikroorganismen®), Kanne Brottrunk, Fermentgetreide oder Ähnliches mit in die Ration aufnimmt, um die Besiedelung des Magen-Darm-Traktes mit erwünschten Mikroorganismen wieder herzustellen. Gleichzeitig sollten mit Leber- und Nierenmitteln, mit Gaben von **Sulfur** und Ähnlichem die Giftstoffe ausleitet werden.

Therapie

Abrotanum D6 (tiefe Potenzen): bei Befall mit Kokzidien, Spul- und Fadenwürmern, wirkt besonders auf die Verdauung. Einzusetzen bei chronischen und subakuten Erkrankungen des Darmkanals, bei Magen- und Darmschwäche, bei Schwäche in den Muskeln und Gelenken und bei Wachstumsstörungen. Kennzeichnend ist bei einer Erkrankung die wechselhafte Peristaltik und Kotbeschaffenheit. Durchfall wechselt mit Verstopfung, es bestehen Abmagerung trotz guten Appetits, ein aufgetriebener Bauch und Blähungen, besonders bei Jungtieren. Empfehlenswert ist eine zweimal jährliche Kür für etwa fünf Tage (**Abrotanum D6** hilft bei unspezifischer Bauchwassersucht).

Cina (nicht: China!)**D6/D8**: gegen Spul- und Bandwürmer. Wirkt besonders auf das Bauchnervensystem, die Atmungs- und Verdauungsorgane, bei Symptomen mit Ursache in einer Reizung der Eingeweide. Vor allem bei schwachen, dickbauchigen und verwurmten Tieren.

Koso (Koto, Kousso) D6: gilt als wurmtreibendes Mittel, besonders gegen Bandwürmer.

Santonium (Santonin) D6: als der wirksame Inhaltsstoff von **Cina**. Gegen Askariden und Nematoden, nicht gegen Bandwürmer.

Calcium carbonicum D200: nach jeder Wurmkur geben, hält die Neubesiedlung durch Parasiten in Grenzen.

(**Nux vomica** soll gegen Kokzidien, **Carduus marianus** gegen Hakenwürmer helfen.)

Okoubaka D6 (tiefe Potenzen): zur Ausscheidung der Giftstoffe der Parasiten und der Medikamente oder Wurmkuren.

VERLETZUNGEN

Wunden

Arnica D6/D8/D30: allgemeines Verletzungsmittel, bei Blutungen, Quetschungen, Blutergüssen, zur Beschleunigung der Heilung. Verschlimmerung der Beschwerden bei Berührung, Bewegung, feuchter Kälte.
Bellis perennis D6: ähnlich wie **Arnica**. Bei allgemeiner Blutungsneigung, auch bei eitrigen Hauterkrankungen und Verletzungen der Gebärmutter, sehr gutes Mittel bei Zitzenverletzung. Verschlimmerung in der Kälte.
Calendula D6: bei schlechter Wundheilung, fördert die Granulation, bei alten, offenen Wunden, bei allen Verletzungen, besonders Risswunden, wenn Substanzverlust stattgefunden hat. Auch bei eiternden Wunden, nimmt den schlechten Geruch und den Wundschmerz. Für reizbare Tiere besser als **Arnica** verträglich und besonders bei empfindlicher Haut.
Echinacea D6/D12: bei Quetschungsverletzungen, Bissen und Stichen, Sepsisgefahr.
Gunpowder D6: bei fauligen oder eitrigen Wunden und Blutvergiftung.
Ledum D6/D12: bei Stich- und Punktverletzungen, Gabelstich, bläulicher Verfärbung, harten und schmerzhaften, auch infizierten Insektenstichen. Das Folgemittel ist **Apis D12** bei sich ausbreitendem Ödem.
Silicea D6/D12/D30: bei schlechter Heilung, Eiterung und Fistelbildung. Fördert das Abstoßen von eingedrungenen Fremdkörpern aus dem Gewebe.
Staphisagria D6/D12: bei glatten Schnittwunden und chirurgischen Eingriffen, auch bei Stichverletzungen. Die Tiere sind nervös und unruhig, sehr schmerzempfindlich. Gut bei Verklebungen des Gewebes oder Obstipation nach Operation (in Kombination mit **Ledum** bei Stichverletzungen).

Infizierte Wunden

Belladonna D6/D8/D12: bei schmerzhaften Abszessen, Geschwulsten, mit Rötung und Neigung zur Eiterung; sehr rasches Anschwellen.
Echinacea D6/D12: durch die Wirkung auf das Immunsystem bei Eiterung und Abszessen, Bissen und Stichen, Sepsisgefahr.
Hepar sulfuris D6/D8/D12/D30: infizierte Wunden mit akuter Eiterung und beginnendem Abszess, Eiter riecht nach altem Käse, Überempfindlichkeit gegen Schmerzen.
Lachesis D8/D12/D30: bei infizierten Wunden mit Sepsis, wenig Eiter, eher nekrotischer Veränderung, bläulicher Verfärbung der Wunde und schlechter Heiltendenz.
Myristica sebifera D6/D12: wird als das „homöopathische Messer" bezeichnet, weil es bei eitrigen Entzündungen oder Abszessen im Stadium der Reifung eröffnend auf den Abszess wirkt. Der Verlauf der Entzündung ist nicht so akut wie bei **Hepar sulfuris**.
Pyrogenium D8/D15/D30: bei übel riechenden Eiterungen, Ausbreitung der Entzündung; mit schlechtem Allgemeinbefinden, Sepsisgefahr.
Tarantula D6/D8: das wirksamste Mittel bei Furunkeln, Abszessen, Eiterungen und Schwellungen mit bläulicher Farbe und großen Schmerzen. Besonders im distalen Gliedmaßenbereich. Nekrotisches Gewebe mit wässriger Sekretion oder Sickerblutung, schlechte Heilung der Wunden.

Blutungen

Arnica D6/D8: bei Blutungen nach Verletzungen, Hämatomen und Quetschungen, die stark gespannt sind, nach arterieller Blutung (helles Blut), bei Verletzungen in den Weichteilen infolge von Knochenbruch.
Bellis perennis D6: Blutung nach Verletzung, Quetschung oder Nachgeburtsabnahme, bei heller Uterusblutung.

Caulophyllum D30: lang anhaltende, passive Uterusblutung nach Verlammen.
Hamamelis D6: bei venösen, dunkelroten Blutungen, gleichmäßig fließend und sickernd, nach Quetschung mit Bluterguss, der mit dunklem, venösem Blut gefüllt ist, und schlechter Blutergussresorption. Bei offenen und schmerzhaften Wunden.
China D4/D6: bei starker und dunkler Blutung, auch klumpig, hervorgerufen durch eine Tonusänderung in der Gebärmutter, auch gegen die Erschöpfung durch den Blutverlust wirkend.
Ipecacuanha D6: helle und gussartige Blutungen, evt. nach Geburt, bei Blut in der Milch oder im Kot.
Lachesis D8/D12: bei dunklem Blut und schlechter Gerinnung, schlechtem Allgemeinzustand.
Millefolium D6: hellrote und stetige Blutung nach kleiner Verletzung (arterielle Blutung), Nasenbluten oder Blutung aus Gebärmutter und Darm.
Phosphor D8/D12/D30: bei Blutung aus den Schleimhäuten, aus allen Körperöffnungen, blutendem Zahnfleisch, Nasenbluten, helles Blut.
Sabina D30: helle Uterusblutung in Güssen, hartnäckige, starke Blutungen, bei starken Nachwehen, kaum Gerinnung, wichtig: Hochpotenz einsetzen, denn die Tiefpotenz regt Durchblutung an, es entsteht Gefahr des Verblutens.
Secale cornutum D6: durch Hervorrufen einer Kontraktion der Kapillaren ein sehr gutes Blutungsmittel. Passive Uterusblutung nach dem Lammen oder außerhalb der Trächtigkeit, Blut dunkelrot bis bräunlich und flüssig, läuft ohne jede Bewegung aus. Unterstützt die Wirkung von Sabina nach einer Geburt.
Die **Kombination** von **Arnica D6** mit **Hamamelis D6** und **Millefolium D6** ist bewährt.

Verrenkung, Zerrung

Rhus toxicodendron D6/D12/D30: das „Bändermittel“ bei allen Lahmheiten im Bewegungsapparat durch eine akute Entzündung, Verbesserung der Beschwerden bei Bewegung.
Ruta graveolens D6/D12: gut in Kombination mit **Rhus toxicodendron**, Mittel bei akuten und chronischen Entzündungen in Sehnen, Bändern und Gelenken.
Symphytum D6/D12: „Arnica der Knochen“, gut in Kombination mit **Rhus toxicodendron** und **Ruta graveolens** zu nehmen.

Fraktur

Arnica D6/D8/D30: bei Hämatom an der Bruchstelle.
Calcium carbonicum, **Calcium fluoratum**, **Calcium phosphoricum D6/D12**: mit starkem Bezug zum Stütz- und Bewegungsapparat, bei Erkrankungen der Knochen.
Symphytum D6/D8/D12 (über längere Zeit geben): das „Knochenmittel“.
Hypericum D30: „Arnica der Nerven“, bei Nervenverletzung und übermäßiger Schmerzhaftigkeit, lindert Schmerzen nach der Operation.
Die **Kombination** von **Arnica D6** mit **Symphytum D6** ist sehr gut.

Insektenstich

Apis D12.
Ledum D6/D12.

Verbrennung

Cantharis D6/D12: akute Entzündung der Haut mit Blasenbildung, Verbrennungen ersten und zweiten Grades.
Urtica urens als Tinktur äußerlich bei Verbrennungen ersten Grades
Kombinationsmittel
Traumeel LT ad us.vet. (Heel).
Echinacea compositum ad us.vet. (Heel).
Cantharis compositum ad us.vet. (Heel).
Arnica e planta tota PLV D5 (PlantaVet).
Vetokehl Muc D5 (Mastavit).
Sangostyptal 16 (Biokanol).
Arnica S-logoplex (Ziegler).

MITTEL ZUR REKONVALESZENZ UND BEI SCHWÄCHEZUSTÄNDEN

Nach schweren und lang dauernden Erkrankungen oder großen körperlichen Leistungen können Schafe und Ziegen jeder Altersgruppe in einen Zustand der Schwäche und Abgeschlagenheit geraten. Sie magern ab, bringen geringere Leistung, wirken matt und apathisch und sind empfänglicher für Infektionskrankheiten oder Parasitenbefall als die gesunden Herdenmitglieder.

Auch Medikamentengaben, die oft unvermeidbar sind, und Wurmkuren können die Tiere schwächen. Eine Reihe homöopathischer Mittel kann diesen Schwächezustand in Verbindung mit einer besonders angepassten und ausgewogenen Fütterung schneller überwinden lassen.

Therapie

Abrotanum D6: Abmagerung trotz guten Appetits, aufgetriebener Bauch, Blähungen, nach Magen- und Darmschwäche und Verwurmung.
Acidum phosphoricum D12/D30: mit Wirkung auf das Nervensystem, bei großer Schwäche und Erschöpfung durch Überanstrengung, Erkrankung oder Säfteverlust.
Arsenicum album D12/D30: bei Leber- und Nieren-Störung nach Erkrankung oder Magen-Darm-Beschwerden. Das Tier erscheint geschwächt und matt, gealtert, kann bei Erkrankungen fast aller Organsysteme eingesetzt werden.

Arsenicum jodatum D6/D12/D30: Schwäche nach Pneumonie oder chronischer Bronchitis, also nach Erkrankungen der Atemwege.
Avena sativa D6/D12: bei lähmenden Schwächezuständen und nervöser Erschöpfung.
Calcium carbonicum D12/D30: bei Jungtieren mit Entwicklungsstörungen im Knochenbau und schlechten Abwehrkräften, stämmige und schwerfällige Konstitution.
Calcium phosphoricum D12/D30: auch ein Jungtiermittel, aber eher für zart gebaute Tiere, die zu schnell wachsen, mit schwacher Wirbelsäule, Rachitis. Bei schlecht heilenden Knochenbrüchen.
China D6/D12: bei Folgen von Säfteverlust mit Schwäche, Abmagerung, Anämie, auch rezidivierendem Fieber, Durchfall und Kolik und dabei nervöser Überreiztheit und Überempfindlichkeit.
Chininum arsenicosum D6/D12: bei Schwäche, Anämie und Abmagerung nach langer Erkrankung, Kreislaufschwäche.
Crataegus D6/D12: wirkt stärkend auf das Herz-Kreislauf-System, bei Kreislaufstörungen nach Krankheiten oder im Alter, bei einer Herzschwäche und Insuffiziens des Herzens.
Ferrum metallicum oder **Ferrum phosphoricum D12/D30**: besonders bei Jungtieren, nach Infektionen und Blutverlust.
Jodum D12: bei Abmagerung trotz Appetits, innerer Unruhe und starkem Bewegungsdrang.
Kalium phosphoricum D12/D30: bei nervöser Schwäche, Erschöpfung und Schläfrigkeit mit Furcht; bei Magen- und Darm-Beschwerden.
Lycopodium D12/D30: als Lebermittel bei mangelnder Verdauungskraft und Störungen der Leberfunktion, aufgeblähtem Bauch und Verstopfung.
Natrium chloratum D12/D30: bei großem Appetit und dabei Abmagerung, Durchfall und Verstopfung möglich. Tiere sind depressiv und in sich zurückgezogen.
Nux vomica D12/D30: wirkt auf die Verdauungsorgane und die Leber. Nach Medikamentengaben, Schwäche mit Erbrechen, Durchfall, Blähungen, bei Kälteempfindlichkeit und allgemeiner Überempfindlichkeit.
Phosphor D12/D30: wirkt auf den gesamten Stoffwechsel. Bei allgemeinem Kräfteverfall und Blutungen in allen Geweben, Tiere sind nervös, überempfindlich und schnell ermüdet.
Sulfur D12/D30: als Folge von Medikamenten (besonders nach Antibiotikatherapie) treten Hauterkrankungen und Verdauungsstörungen auf. Ein Lebermittel und Zwischenmittel zur Anregung der Reaktionsfähigkeit des Organismus, bei verschleppter Erholungsphase und anhaltendem Fieber.
Zincum metallicum D8: bei Schwäche und Erschöpfung, verbunden mit nervöser Unruhe, ebenfalls bei Erkrankungen im Verdauungsbereich.

Kombinationsmittel

China-logoplex (Ziegler): bei anämischen, kachektischen Zuständen nach Überanstrengung und im Rekonvaleszenzstadium, bei Schwäche.

VERHALTENSPROBLEME

Schock

Veratrum album D30: bei Ohnmacht und Kollapsneigung.
Arnica D30/D200: bei Unfall mit Blutverlust. Tier kann sich scheinbar nicht bewegen und ist sehr berührungsempfindlich, auch wenn der Unfall sehr lange zurückliegt (dann die Hochpotenz geben).

Angst

Arsenicum album D30 oder **Phosphor D30**: bei Angst vor dem Alleinsein, Getrenntsein von der Herde.
Antimonium crudum D30, **Arnica D30**, **Lachesis D30** oder **Phosphor D30**: bei Angst vor Berührung.
Lachesis D30: bei Unruhe und Übererregung bis hin zur Aggression, Überempfindlichkeit.

Schreckfolgen

Opium D30/D200, **Aconitum D30/D200** oder **Ignatia D30/D200**.

Folgen von Kummer

Ignatia D30/D200 oder **Natrium muriaticum D30/D200**.
Pulsatilla D30/D200 nach Lämmerverlust.

VERZEICHNIS DER HOMÖOPATHIKA

Homöopathisches Mittel	Deutscher Name	Gebräuchlichste Potenz
Abies canadensis	Kanadische Schierlingstanne	D6
Abrotanum (Artemisia abrotanum)	Eberraute	D6
Acidum benzoicum	aus Siambenzoe sublimierte Benzoesäure	
Acidum fluoricum (Fluoricum acidum)	Flusssäure	D12/D30
Acidum formicicum (Formicicum acidum)	Ameisensäure	D6/D12/D30
Acidum nitricum (Nitricum acidum)	Salpetersäure	D6/D12/D30
Acidum phosphoricum	verdünnte Phosphorsäure	D6/D12/D30
Aconitum napellus	Blauer Eisenhut	D6/D12/D30/D200
Agaricus muscarius	Fliegenpilz	D6/D30
Agnus castus	Mönchspfeffer	D12
Ailanthus glandulosa	Götterbaum	D6/D12
Aletris farinosa	Sternwurzel	D6
Aloe	Aloe	D6/D30
Ammonium carbonicum	Hirschhornsalz	D6/D12/D30
Ammonium jodatum	Ammoniumjodid	D6/D12/D30
Anthracinum	Milzbrandnosode	D30/D200
Antimonium arsenicosum	Antimonarsenat, Antimonpentoxid und Arsentrioxid zu gleichen Teilen	D8/D12
Antimonium crudum	Schwarzer Spießglanz	D6/D12/D30
Antimonium tartaricum	Brechweinstein	D6/D12
Apis mellifica	Honigbiene	D12/D30
Argentum nitricum	Höllenstein, Silbernitrat	D6/D8/D12/D30
Arnica montana	Arnika, Bergwohlverleih	D6/D8/D12/D30/D200
Arsenicum album (Acidum arsenicosum)	Weißer Arsenik	D6/D8/D12/D30
Arsenicum jodatum	Arsen-(III)-jodid	D6/D12/D30
Asa fetida	Stinkasant	D6/D12/D30
Aurum metallicum/foliatum/muriaticum	Gold(-chlorid)	D6/D12
Avena sativa	Hafer	D6/D12

Homöopathisches Mittel	Deutscher Name	Gebräuchlichste Potenz
Bacterium-coli-Nosode		D200
Baptisia	Wilder Indigo	D6
Barium carbonicum	Bariumcarbonat	D6/D8/D12/D30
Belladonna	Tollkirsche	D6/D8/D12/D30
Bellis perennis	Gänseblümchen	D6
Berberis	Berberitze Sauerdorn	D6/D8/D12
Borax	Natriumtetraborat	D6/D12
Bryonia	Rotbeerige Zaunrübe	D6/D8/D12/D30
Bufo rana	Erdkröte	D6/D12
Calcium carbonicum Hahnemanni	Austernschalenkalk	D6/D12/D30/D200
Calcium fluoratum	Calciumfluorid natürlich vorkommender Flussspat	D6/D8/D12
Calcium jodatum	Calciumjodid	D6/D12
Calcium phosphoricum	Calciumhydrogenphosphat	D6/D12
Calcium sulfuricum	gefälltes Calciumsulfat	D6/D12
Calendula officinalis	Ringelblume	D6/D12
Camphora (Cinnamonum camphora)	Kampfer	D6
Cantharis	Spanische Fliege	D6/D12
Capsicum	Paprika	D6/D12
Carbo vegetabilis (Carbo ligni)	Holzkohle	D6/D8/D12
Carduus marianus	Mariendistel	D6/D12
Caulophyllum thalictroides	Frauenwurzel	D6/D30
Causticum Hahnemanni	Ätzstoff Hahnemanns	D6/D12/D30
Chamomilla	Echte Kamille	D6/D12
China	Roter Chinarindenbaum	D6/D12
Chininum arsenicum	Chininarsenit	D6/D12
Cicuta virosa	Wasserschierling, Wüterich	D6/D12
Cimicifuga racemosa	Wanzenkraut, Traubensilberkerze	D6/D12/D30/D200
Cina (Artemisia cina)	Wurmsamen	D6/D8
Cistus canadensis	Kanadisches Sonnenröschen	D6
Clostridium-perfringens-Nosode		D200
Cobaltum	Kobalt	D30
Cobaltum nitricum	Cobalt-(II)-nitrat	D30
Coccus cacti	Cochenille-Laus, Schildlaus	D6/D12
Coffea arabica (cruda)	Kaffeebaum, Rohkaffee	D6/D12/D30
Colchicum autumnale	Herbstzeitlose	D6/D12

Homöopathisches Mittel	Deutscher Name	Gebräuchlichste Potenz
Conium maculatum	Gefleckter Schierling	D6/D8/D12/D30
Crataegus	Weißdorn	D6/D12
Crotalus horridus	Waldklapperschlange	D6/D8/D12
Croton tiglium	Purgierkörner vom Krotonölbaum	D6/D12
Cuprum aceticum	neutrales Kupfer-(II)-acetat	D6/D12
Cuprum metallicum	metallisches Kupfer	D6/D12/D30/D200
Curare Strychnos toxifera	Pfeilgift der Indianer Südamerikas	D15/D30
Dulcamara (Solanum dulcamara)	Bittersüßer Nachtschatten, Bittersüß	D6/D12
Drosera rotundifolia	Rundblättriger Sonnentau, Herrgottslöffel	D6/D12
Echinacea angustifolia (pallida)	Schmalblättriger Sonnenhut, Kegelblume	D6/D12/D30
Equisetum hiemale	Winterschachtelhalm	D6/D12
Eupatorium perfoliatum	Durchwachsener Wasserhanf	D6/D12/D30
Euphrasia officinalis	Augentrost	D6/D12
Escherichia-coli-Nosode		D200
Ferrum arsenicosum	basisches Eisen-(III)-arsenat	D12/D30
Ferrum metallicum	reduziertes Eisen	D12/D30
Ferrum phosphoricum	wasserhaltiges Eisen-(III)-phosphat	D12/D30
Flor de piedra	Steinblüte	D6/D12
Galega	Geißraute	D6
Gelsemium sempervirens	Wilder Jasmin, Giftjasmin	D6/D8/D12/D30/D200
Ginkgo biloba	Fächerblattbaum	D6
Graphites	Reißblei, Graphit	D12/D30
Grindelia robusta	Grindelie	D6/D12
Hamamelis virginiana	Zaubernuss, Virginischer Zauberstrauch	D6
Hapargophytum procumbens	Teufelskralle	D6
Hedera helix	Efeu	D6/D12/D30
Hekla lava	Lava vom Vulkan Hekla auf Island	D6/D12
Helleborus niger	Christrose, Schwarz-Christwurzel	D6/D12/D30
Heloderma suspectum	Gila-Monster	D6
Helonias dioica	Teufelsbiss, Falsche Einhornwurzel	D6/D12/D30
Hepar sulfuris (calcareum)	Kalkschwefelleber	D6/D8/D12/D30
Hydrastis	Kanadische Gelbwurz	D12
Hyoscyamus niger	Bilsenkraut	D6/D12/D30
Hypericum perforatum	Johanniskraut	D6/D12/D30

Homöopathisches Mittel	Deutscher Name	Gebräuchlichste Potenz
Ignatia amara	Ignatiusbohne	D12/D30/D200
Ipecacuanha	Brechwurzel	D6/D12/D30
Jodum	Jod	D12/D30
Kalium bichromicum	Kaliumdichromat	D6/D8/D12
Kalium jodatum	Kaliumjodid	D6/D12/D30
Kalium sulfuricum	Kaliumsulfat	D6/D12
Koso	Kousso, Koto	D6
Kreosotum	Kreosot, Buchholzkohlenteer	D6/D12/D30
Lachesis muta	Buschmeister-Schlange	D8/D12/D15/D30
Lathyrus sativus aut cicera	Saat-Platterbse, Deutsche Kichererbse	D30/D200
Ledum palustre	Sumpfporst, Wilder Rosmarin	D6/D12
Lilium tigrum	Tigerlilie, Große Türkenbundlilie	D12/D30
Listeriose-Nosode		D30
Lycopodium clavatum	Bärlapp, Kolbenbärlapp	D10/D12/D30
Magnesium carbonicum	basisches Magnesiumcarbonat	D6/D12
Magnesium chloratum	Magnesiumchlorid	D30/D200
Magnesium phosphoricum	Magnesiumhydrogenphosphat-Trihydrat	D30
Medorrhinum	Medorrhinum-Nosode, Tripper-Nosode	D30
Mephistis putorius	Stinktier	D6/D12
Mercurius bijodatus	Quecksilber-(II)-jodid	D6/D12
Mercurius corrosivus (Mercurius sublimatus corrosivus)	Quecksilber-(II)-chlorid	D6/D12/D30
Mercurius solubilis Hahnemanni	Gemisch, das vorwiegend Quecksilber-(II)-amidonitrat und metallisches Quecksilber enthält	D6/D8/D12
Mezereum	Seidelbast	D6/D12
Millefolium	Gemeine Schafgarbe	D6
Myristica sebifera	Talgmuskatnussbaum	D6/D12
Naja tripudians	Brillenschlange	D6/D12
Natrium muriaticum (chloratum)	Kochsalz, Natriumchlorid	D6/D12/D30/D200
Natrium sulfuricum	Natriumsulfat, Glaubersalz	D6/D12
Nux vomica	Brechnuss	D6/D12/D30/D200
Okoubaka	getrocknete Astrinde eines westafrikanischen Baumes	D6
Opium	Schlafmohn	D30/D200

Homöopathisches Mittel	Deutscher Name	Gebräuchlichste Potenz
Pareira brava	Grießwurz	D6
Pasteurellose-Nosode		D30/D200
Petroeum rectificatum	Petroleum	D6/D12
Petrolselinum	Petersilie	D6/D30
Phellandrium aquaticum	Wasserfenchel	D6/D12/D30
Phosphorus	Gelber Phosphor	D8/D12/D30/D200
Phytolacca americana, decandra	Kermesbeere	D6/D12/D30
Plumbum aceticum	Bleiazetat	D6/D12/D30
Podophyllum peltatum	Fußblatt, Maiapfel	D6/D12/D30
Propolis	Kittharz der Honigbiene	D6/D12/D30
Psorinum	Flüssigkeit aus Sekret der Krätzpusteln	D30
Pulsatilla pratensis	Wiesen-Küchenschelle	D6/D12/D30/D200
Pyrogenium	Nosode aus fauligem Fleisch, autolysiertes Fleisch	D8/D12/D15/D30
Rheum palmatum, officinale	Rhabarber	D6/D12
Rhus toxicodendron	Giftsumach	D6/D12/D30
Rumex crispus	Krauser Ampfer	D6/D12/D30
Ruta graveolens	Weinraute	D6/D12/D30
Sabal serrulatum	Sägepalme	D6
Sabina (Juniperus sabina)	Sadebaum	D8/D30
Salvia officinalis	Echter Salbei	D6
Santoninum	Santonin, Wurmsamen	D6
Sarsaparilla (Smilax)	Stechwinde	D6/D8
Secale cornutum	Mutterkorn	D6
Selenium	Selen	D12/D30
Senega	Klapperschlangenwurzel	D6/D12
Sepia officinalis	Tintenfisch	D6/D12/D30/D200
Silicea (Acidum silicicum)	Kieselsäure	D6/D12/D30
Soja	Soja	D30
Solidago virgaurea	Goldrute	D6
Spongia tosta	Badeschwamm	D6/D12
Stannum jodatum	Zinn-(II)-jodid	D8/D12/D30
Staphisagria	Stephanskraut	D6/D12
Staphylococcinum	Staphylokokken-Nosode	D200
Sticta pulmonaria	Lungenflechte	D6/D12/D30

Homöopathisches Mittel	Deutscher Name	Gebräuchlichste Potenz
Stramonium	Weißer Stechapfel, Gemeiner Stechapfel	D12/D30/D200
Streptococcinum	Streptokokken-Nosode	D200
Strychninum	Strychnin	D12/D30
Sulfur	sublimierter Schwefel	D6/D8/D12/D30
Sulfur jodatum	erkaltete Schmelze von Schwefel und Jod	D6/D8
Symphytum officinale	Gemeiner Beinwell	D6/D8/D12
Tabacum (Nicotinia tabacum)	Tabak	D6/D12
Tartarus stibiatus	Brechweinstein	D6/D12
Tarantula cubensis	Kubanische Vogelspinne	D6/D8/D30
Terebinthina e oleum	Terpentinöl	D6/D12
Theridoin curassavicum	Feuerspinnchen, Westindische Feuerspinne	D12/D30
Thuja occidentalis	Abendländischer Lebensbaum	D10/D12
Toxoplasmicum-Nosode		D30/D60/D200
Tuberculinum	Tuberkulose-Nosode	D200
Urtica urens	Kleine Brennessel	D6/D8/D12/D30
Ustilago maydis	Maisbrand	D6/D12
Veratrum album	Weiße Nieswurz, Weißer Germer	D6/D12/D30
Viburnum opulus	Gemeiner Schneeball	D6
Vincetoxicum officinale	Schwalbenwurz, Hundswürger	D6/D12/D30
Zincum metallicum	Zink	D8/D12/D30

SERVICE

Literaturverzeichnis

BECVAR, W. (2001): Schafe und Ziegen natürlich heilen. Verlag Eugen Ulmer, Stuttgart.

BELLOF, G. & LEBERL, P. (2019): Schaf- und Ziegenfütterung. Strategien für Landschaftspflege, Fleisch- und Milcherzeugung. Verlag Eugen Ulmer

BOERICKE, W. (2014): Handbuch der homöopathischen Materia medica. Karl F. Haug Verlag, Heidelberg.

BORSCHEL, G. (2002): Homöopathie in der Veterinärmedizin. Barthel & Barthel Anstalt, Nendeln.

BORSCHEL, G. (2000): Klinische Materia medica in der Tiermedizin. Barthel & Barthel Anstalt, Nendeln.

DAUBENMERKL, W. (2019): Tierkrankheiten und ihre Behandlung. Wissenschaftliche Verlagsgesellschaft mbH, Stuttgart.

ERKENS, CH. (2019): Natur-Stallapotheke, Verlag Freya, Engerwitzdorf-Mittertreffling.

FAVRE, GILBERTE (2019): Homöopathie für Schafe. Narayana Verlag, Kandern.

GOMRINGER, A. (2013): Unsere ersten Schafe. Verlag Eugen Ulmer

GOMRINGER, A. (2013): Unsere ersten Ziegen. Verlag Eugen Ulmer

HAHNEMANN, S. (2011): Organon der Heilkunst. Narayana Verlag, Kandern.

KELLENBERGER, R., KOPSCHE, F. (2010): Mineralstoffe nach Dr. Schüßler. AT-Verlag, Aarau, Schweiz.

MENDEL, C. (2022): Praktische Schafhaltung. Verlag Eugen Ulmer

RAKOW, B. RAKOW, M. (2011): Bewährte Indikationen der Homöopathie in der Veterinärmedizin. Sonntag Verlag, Stuttgart.

RAKOW, B., RAKOW, M. (2006): Homöopathie in der Tiermedizin. Aude Sapere Fachbuchverlag, Karlsbad.

REINHART, E., LÖW, G. (2006): Kommentiertes Symptomenverzeichnis der Biologischen Tiermedizin. Aurelia-Verlag, Baden-Baden.

SAMBRAUS, H. (2016): Nutztierrassen. 263 Rassen in Wort und Bild. Verlag Eugen Ulmer

SCHMIDT, A. (Hrsg.) (2003): Grundkurs in klassischer Homöopathie für Tierärzte. Sonntag Verlag, Stuttgart.

SPÄTH, H., LÖW, G., REINHART, E. (2002): Gesunde Tiere mit Homöopathie und Antihomotoxischer Medizin. Aurelia-Verlag, Baden-Baden.

SPÄTH, H., THUME, O., WENZLER J.-G. (2019): Ziegen halten. Verlag Eugen Ulmer, Stuttgart.

STEINGASSNER, H.M. (2016): Homöopathische Materia medica für Veterinärmediziner. Verlag Wilhelm Maudrich, Wien-München-Bern.

TIEFENTHALER, A. (2003): Antihomotoxische Therapie in der Tiermedizin. Aurelia-Verlag, Baden-Baden.

WINKELMANN, J. (2017): Schaf- und Ziegenkrankheiten, Verlag Eugen Ulmer, Stuttgart.

Nützliche Adressen

Heel
Biologische Heilmittel Heel GmbH
Dr.-Reckeweg-Straße 2-4
76532 Baden-Baden
www.heel.de
Tel.: 0721/501-00 (Zentrale)
Fax.: 0721/501-3010)
E-Mail: info@heel.de

DHU
Deutsche Homöopathie-Union
Postfach 41 02 80
76202 Karlsruhe
www.dhu.de
Tel.: 0721/4093-01

Ziegler
Franz Ziegler GmbH
Ötzer Str. 10
86672 Thierhaupten
www.ziegler-tierarznei.de
Tel.: 08271/813111
E-Mail: info@ziegler-tierarznei.de

Dr. Schaette
Dr. Schaette AG
Postfach 1354
88332 Bad Waldsee
www.schaette.de
Tel.: 07524/4015-20 (Bestellannahme)
07524/4015-12 (Beratung)
E-Mail: info@saluvet.de

Biokanol
Biokanol Pharma GmbH
Kehler Str. 7
76437 Rastatt
www.biokanol.de
Tel.: 07222/78679-3
E-Mail: info@biokanol.de

PlantaVet
PlantaVet GmbH
Biologische Tierarzneimittel
Frauenbergstr. 45
Postfach 1339
88332 Bad Waldsee
www.plantavet.de
Tel.: 07524/9788-0
E-Mail: info@plantavet.de

Remedia
Remedia Homöopathie
Hauptstr. 4
A-7000 Eisenstadt
www.remedia.at
Tel.: 0043-(0)2682-62654-66
E-Mail: hahnemann@remedia.at
(Bestellung von homöopathischen Einzelmitteln, auch in Kleinstmengen)

Wala
WALA Heilmittel GmbH
Dorfstr. 1
Postfach 1191
73085 Bad Boll/Eckwälden
www.wala.de
Tel.: 07164/930-0
E-Mail: info@wala.de
(u. a. teilweiser Bezug von Medikamenten aus dem PlantaVet-Programm)

Mastavit
Mastavit GmbH
Hasseler Steinweg 9
27318 Hoya
Tel.: 04251-935296
E-Mail: info@mastavit.com

IAVH International Association for Veterinary Homoeopathy
Internat. Vereinigung für Veterinär-Homöopathie
www.iavh.de

ATF Akademie für tierärztliche Fortbildung
www.bundestierärztekammer.de/atf

DVG Deutsche Veterinärmedizinische Gesellschaft
www.dvg.net

Gesellschaft für ganzheitliche Tiermedizin
(mit Zeitschrift für Ganzheitliche Tiermedizin aus dem Sonntag-Verlag)
www.ggtm.de

Register

A

B

C

S

T

U

V

W

Z

Bildquellen:
Titelfoto: Corinna-Jasmin Kopsch
Christine Erkens: Seite 4, 12 und 91
Wikimedia/Hahnemann: Seite 8
Bjoern Wylezich/Shutterstock: Seite 18
Chongsiri Chaitongngam/Shutterstock: Seite 24
Paul Steven/Shutterstock: Seite 76
PhotoSGH/Shutterstock: Seite 32
Yuri Nunes/Shutterstock: Seite 33
Grafik Schaf (Seite 7, 35 und 104): Larry-Rains/Shutterstock
Alle weiteren Fotos stammen von Corinna-Jasmin Kopsch.

Gendergerechtigkeit und Inklusion sind bei uns gelebte Praxis – bei der Auswahl unserer Themen, bei der Recherchearbeit, in der Gestaltung. Unsere Texte meinen alle. Damit unsere Inhalte jedoch gut lesbar bleiben, verzichten wir in diesem Werk auf die jeweilige Mehrfachnennung oder Anpassung der Schreibweise bestimmter Bezeichnungen an die weibliche, männliche oder diverse Form.

Haftungsausschluss
In diesem Buch sind die Namen von Medikamenten, die zugleich eingetragene Warenzeichen sind, als solche nicht besonders kenntlich gemacht. Es kann also aus der Bezeichnung der Ware mit dem für diese eingetragenen Warenzeichen nicht geschlossen werden, dass die Bezeichnung ein freier Warenname ist. Die Markennamen wurden nur beispielhaft aufgeführt. Hinsichtlich der in diesem Buch angegebenen Dosierungen von Medikamenten usw. wurde die größtmögliche Sorgfalt beachtet. Gleichwohl werden die Leser aufgefordert, die entsprechenden Beipackzettel der Hersteller zur Kontrolle heranzuziehen. Die beispielhafte Auflistung von Medikamenten bzw. Wirkstoffen ist kein Beweis dafür, dassdiese in Deutschland zugelassen sind. Der behandelnde Tierarzt ist aufgefordert, die jeweilige (Zulassungs-)Situation zu überprüfen. Die in diesem Buch enthaltenen Empfehlungen und Angaben sind von der Autorin mit größter Sorgfalt zusammengestellt und geprüft worden. Eine Garantie für die Richtigkeit der Angaben kann aber nicht gegeben werden. Autorin und Verlag übernehmen keinerlei Haftung für Schäden und Unfälle. Der Verlag Eugen Ulmer ist nicht verantwortlich für die Inhalte der im Buch genannten Links.

Bibliografische Information der Deutschen Nationalbibliothek
Die Deutsche Nationalbibliothek verzeichnet diese Publikation in der Deutschen Nationalbibliografie; detaillierte bibliografische Daten sind im Internet über http://dnb.d-nb.de abrufbar.

Wollgrasweg 41, 70599 Stuttgart (Hohenheim)
E-Mail: info@ulmer.de
Internet: www.ulmer.de
Projektleitung: Antje Munk, Jennifer Zajonz
Lektorat: Dr. Martina Lackhoff
Herstellung; Isabell Scherrieble
Umschlagentwurf: Verlag Eugen Ulmer
Satz: Susanne Junker, Gerhard Junker, www.redsign.de, Stuttgart
Reproduktion: time:ray, Jettingen
Druck und Bindung: Pustet, Regensburg
Printed in Germany

ISBN 978-3-8186-1641-0